未来IT図解
Illustrate the future of "IT"

これからの
データサイエンス
ビジネス

松本健太郎、
マスクド・アナライズ／共著

エムディエヌコーポレーション

DATA
SCIENCE

©2019 Kentaro Matsumoto, Masked Analyse. All rights reserved.
本書に掲載した会社名、プログラム名、システム名などは一般に各社の商標または登録商標です。
本文中では™、®は明記していません。
本書のすべての内容は著作権法上の保護を受けています。
著者、出版社の許諾を得ずに、無断で複写、複製することは禁じられています。
本書は2019年7月現在の情報を元に執筆されたものです。
これ以降の仕様等の変更によっては、記載された内容と事実が異なる場合があります。
著者、株式会社エムディエヌコーポレーションは、
本書に掲載した内容によって生じたいかなる損害にも一切の責任を負いかねます。
あらかじめご了承ください。

はじめに

　この本は、データサイエンスビジネスに期待したのに思った通りの結果が出なかった人、重い腰を上げてようやく取り組み始めた人のために、酸いも甘いも（比率で言えば9対1ぐらいですが）知り尽くしたマスクド・アナライズと松本健太郎の二人が、データサイエンスビジネスについて理解できるよう書いた一冊です。

　はじめまして、松本健太郎と申します。本書の著者の一人です。普段は東京のデコムという会社で、データサイエンティストとして消費者心理の研究と開発に勤しんでいます。

　この本を手に取られた方の中には、「今さらデータサイエンスの本ですか？」と思われた方もおられるかもしれません。でも「今だからこそデータサイエンスの本です」と私は主張します。

　この本の最大の特徴は、データサイエンスビジネスを通じて経験した、失敗の痛みと苦しみも成功の喜びも熟知している著者たちがキレイゴトをいっさい排除して、誰にも忖度せず、ド直球で「だからデータサイエンスビジネスは失敗する！」「だからこうしたほうが良い！」と直言している点です。おそらく2011年からつい最近まで書籍では読めなかった、本当のデータサイエンスビジネス、今だからこそわかるデータサイエンスビジネスの話が満載です。もちろん、基礎的な部分もしっかり押さえています！

　簡単に著者紹介をしておきましょう。謎の覆面男がマスクド・アナライズさんです。自らをイキリ（調子に乗っている）データサイエンティストと評していますが、メディアでAIに関する連載を持つだけでなく、全国各地で講演を行い、Twitterのフォロワー数は1万人を超えるインフルエンサーです。ちなみにマスクの中の顔は僕ですら知りません。

　もう一人が私、松本健太郎です。データサイエンティストを名乗りますが、かなりのヘッポコで、報告会でガラスの心が割れた回数は数知れず。涙の数だけ強くなれたのか、今では失敗の経験を踏まえて、「少なくともこうすれば失敗は防げるはず」という防御の構えだけは固まりました。

　この本では、データサイエンスビジネスの今まで（PART1）と、これから（PART3）をマスクド・アナライズさんが、具体的なデータサイエンスビジネスの進め方（PART2）を松本が担当しています。何がダメでうまく進まなくて、本来どうするべきで、だから今後はこうなっていくだろう…　そのような過去、現在、未来がわかるような構成になっています。

　それでは最後までお楽しみいただければ幸いです。

松本健太郎

INTRODUCTION

これでい
データサイエ

松本健太郎

松本健太郎 (以下 松)：どうも〜、読者の皆さんはじめまして！ 松本健太郎と申します、永遠の5歳です！
マスクド・アナライズ (以下 マ)：お前…お前は怒ってるか？
松：いきなりなんですか。そりゃあ…怒ってますよ！ だからマスクドさんと一緒に、この本を出すんじゃないですか！

マ：何に怒ってるんだ？
松：理想ばかり掲げて、まったく使えない分析事例と自社製品の宣伝ばかり押し付けてくるデータサイエンス本にですよ！ 俺たちは何回AIブームの歴史を読めば良いんですか！ そんな本に騙されるマスコミ、経営者にも怒ってます！
マ：そうか、お前で気付かせろ。

いのか!?
ンスビジネス

INTRODUCTION

マスクド・アナライズ

松：ちょ…！ そうじゃないでしょう！
マ：本当は何に怒ってるんだ？
松：すべてに対して怒ってます。
マ：すべってどれだい？
松：…。
マ：言ってみろ！ 経歴と口先だけはご立派な上から目線のデータサイエンスか！ リアルデータでGAFAに勝てると思ってる経営者か！ AIだのRPAだのトレンドのケツを追ってるコンサルか！ データサイエンティストになれば年収1,000万と煽る人材ビジネス屋か！
松：「データサイエンスビジネス」と銘打って甘い汁を吸おうとする奴らすべてです！
マ：それぞれの想いがあるから、それは

INTRODUCTION

さておいて。

松：ちょっ…そのために、この本を書いたんじゃないですか…！

マ：正直になれ、お前の気持ちはどうなんだ？

松：このままじゃ…僕はデータサイエンスビジネスの明るい未来が見えません。

マ：この本を読んで見つけろ！ テメエで！

松：（オレも一緒に書いたのに）

マ：現場の連中がホントの怒りをぶつけて、ホントの力を叩きつける現場を、お前たちが作るんだよ。オレに期待するなー！

松：しますよっ！ もはやAIやデータサイエンスを代表する第一人者じゃないですか。みんな、マスクドさんの切れ味鋭い発言に期待して、この本買ってくれてるんですよ！

マ：（遠い目をしながら）なんだか、オオゴトになってまして…。

松：もともとITmediaで1対1の取材をさせてもらって、お互いが記事を書くようになったんですよ。

「開発の丸投げやめて」
疲弊するAIベンダーの
静かな怒りと、
依頼主に"最低限"望むこと
https://www.itmedia.co.jp/
news/articles/1810/09/
news010.html

松：ポジショントークは一切無しのこの本持って、いろんな会社で革命起こしましょう！ 怒りをぶつけるんです。上司に卍固め、経営者に延髄斬り、マスコミにジャーマン・スープレックス！

マ：本気かい…ええ？ 俺たちは炎上を恐れちゃいけねぇ。

松：本気の…つもりです。この本は、夢も理想も語りません！ 極めて実用的で、現場目線だけど、一番しっかりしています。上司だけじゃない、経営者やマスコミにこそ読ませたいです！

マ：命をかけたのか、命を。上司も経営者もマスコミも既得権益なんだぜ、お前。

松：これまでのERP、BIツール、ユビキタス、Web 2.0、ビッグデータ、IoT、ブロックチェーン、そして今はRPAで、次は量子コンピューターなんですよ。

マ：だったらどうしてExcelで仕事してるんだっ！

松：もう何年続いてるのか、何年これが！ データがオイルだ、AIに仕事が奪われるだ、とっくに欧米じゃ再教育の一環としてITリテラシーを教えてるんです！ 日本だけですよ、電話だのFAXだの判子だの！ 口先だけで、現実が変わらないのは！

マ：だったらぶち破れよ！ 俺は前から言ってる、遠慮なんかするこたぁねえって！ ビジネスも出版も戦いなんだからよ。先輩も後輩もない。遠慮されても困

るよお前。なんで遠慮するんだお前。
松：遠慮してんじゃないです。これが流れじゃないですか、これが日本の！ ねえ、そうじゃないですか？ やれ自称有識者だ、MBAホルダーだ、シリコンバレーで起業経験にAI型経営ってなんですか！ こいつらは肩書きと人脈とセルフプロデュースと見た目だけで、何もわかってないです。俺ら現場の話なんか無視して、国だって動かそうとしてる！ おかしいですよ！
マ：じゃあ力でやれよ、力で！ この本どんどん売って、現場とエンジニアを無視すんなって力を見せろよ！
松：やりますよ！
マ：ああ？ やれるのか本当にお前！
松：やりますよ！
（お互いにビンタ）
マ：いけるかい？ ええ？
松：やりますよ！
マ：よぉーし。
松：上司から丸投げされて途方に暮れてるビジネスマンにも、将来のキャリアが不安な学生にも、変わらない会社に不満が溜まった若手社員にも、しっかり読んでもらいますから！ この本を読んで、ガラケーでITリテラシーが止まってる連中の戯言に付き合わなくて済むようにしますよ！
マ：やれよ、そんなら。
松：やります。オレは既得権益に負けても平気ですよ、負けても本望ですよ、こんだけやるんだったら！
マ：やる前に負けること、考える馬鹿いるかよ！
松：加勢してくださいよ？ マスクドさんが言えば、データサイエンス業界は動くんですよ。データサイエンス業界が動けば、経団連は動くんですよ。経団連が動けば、国は動くんですよ。燃え尽きるまでやります。その覚悟です！
マ：（一点を見つめて）……時は来た！ それだけだ。
松：（必死に笑いをこらえる）

力を付けるのに近道は無い！

既存の枠に収まらない人間力を！

目次

CONTENTS

これでいいのか!?　データサイエンスビジネス
松本健太郎 × マスクド・アナライズ……………………………………… 004

PART1　このままでいいのか、データサイエンスビジネス

01　データサイエンスの歴史的背景……………………………………… 012

02　今、データサイエンスビジネスに何が起きているのか…………… 016

03　経営者に対する指摘…………………………………………………… 020

04　ミドル・マネジメント層に対する指摘……………………………… 024

05　SIerに対する指摘……………………………………………………… 028

06　非データサイエンティストに対する指摘…………………………… 032

07　私たちはどのようなスキルを身に付けるべきか…………………… 036

[まとめ]データサイエンスビジネスは、どうあるべきか？…………… 040

[COLUMN]昭和アナログおじさんの根絶……………………………… 044

PART2 データサイエンス
ビジネスを牽引する力の付け方

01 3つの力──サイエンス、エンジニアリング、ビジネス……………… 046

02 データ分析、2つの「型」…………………………………………… 048

03 データサイエンスビジネスのプロセス……………………………… 050

04 ビジネスの視点 「やりたいこと」を決める……………………… 054

05 データサイエンスの視点 方法を設計する……………………… 056

06 エンジニアの視点 データを計測する…………………………… 058

07 エンジニアの視点 データを収集・蓄積する(オンライン系データ)… 060

08 エンジニアの視点 データを収集・蓄積する(オフライン系データ)… 062

09 エンジニアの視点 データをチェックする……………………… 064

10 サイエンス手法① データの集まりの代表を取り出す「要約」……… 066

11 サイエンス手法② 似たものを1つにまとめる「縮約」…………… 070

12 サイエンス手法③ 同類を発見しまとめる「分類」……………… 074

13 サイエンス手法④ 関係のある・なしを明確にする「関係性」……… 078

14 サイエンス手法⑤ 仮説を立証する「検定」……………………… 082

15 サイエンスその他の手法① 時間の経過に沿って見る「時系列データ」… 086

16 サイエンスその他の手法② データの傾向から予測を行う「機械学習」… 090

17 エンジニアの視点 プログラミングで実装する………………… 094

18 エンジニアの視点 分析結果を可視化する…………………… 098

19 ビジネスの視点 分析結果を報告する………………………… 100

20 データサイエンスの限界を知る………………………………… 104

21 データサイエンスビジネス事例 デジタルマーケティングにおけるAI導入… 108

22 データサイエンスビジネス事例 製造業におけるAI導入……………… 112

[まとめ]牽引する力を付けるのに近道は無い………………………… 118

[COLUMN]スゴイ人ほど努力していた……………………………… 122

CONTENTS

PART3 データサイエンスが変えていくビジネスの在り方

01 「仕事」の視点 「データ」の優先度が大きく上がる……………………… 124

02 「仕事」の視点 作って終わり、ではなくなる……………………… 130

03 「組織」の視点 データサイエンスに強いチームが必要……………… 134

04 「組織」の視点 「即戦力」ではなく「そこにいる戦力」……………… 138

05 行政との関わり 個人情報保護とデータについて…………………… 142

06 行政との関わり 教育とデータリテラシー……………………………… 146

[まとめ]データサイエンスが未来をどう変えるか……………………… 150

用語解説……………………………………………………………………… 154

索引 …………………………………………………………………………… 158

著者紹介……………………………………………………………………… 159

PART

1

このままでいいのか、
データサイエンスビジネス

SECTION 01

データサイエンスの歴史的背景

PART1 このままでいいのか、データサイエンスビジネス

最近「データサイエンス」という言葉を耳にしますが、
その始まりはビッグデータでした。
ここでは、データサイエンスの歴史を見ていきます。

◆ 始まりはビッグデータ

　GoogleやAmazonなどが大量のデータを集めて分析することで、自社サービスにおける機能向上など画期的な事例を数多く発表し、ビッグデータという言葉が広く知られるようになりました。次第に収集されたデータを分析・活用する動きが認知され、ストレージコストの逓減や分散処理技術の開発によって、モバイルゲーム、ネット広告、通販、SNSなどの分野で効果が期待されました。

　大量のデータを保有することで優位性を発揮することが期待されましたが、データ収集が目的化してしまい、データの活用や分析までには至らず、いわゆる「バズワード」的な側面がありました。その結果、データ保管基盤のみ整備されたり、BIツール（P.98、P.154を参照）などで一部のデータが可視化されたりする程度にとどまりました。国内でも注目されましたが、既存システムとの連携、稼働中のデータベースから移行させる難易度、ハードウェア導入を前提とする思惑など

さまざまな懸念が発生しました。また、データベースにおいて現状維持を堅持する保守的な気質も障壁でした。さらに、構築や維持を行うエンジニアのコストも高騰し、導入・活用できる企業は限定的でした。

◆データサイエンティストブーム

ビッグデータに続き、2013年頃から「21世紀でもっともセクシーな職業」として、データサイエンティストが話題となりました。ビッグデータブームと同じく、アメリカに遅れての波及となりましたが、大量のデータを保有する企業では「社内データの活用」が掲げられ、データ分析に優れた人材の高待遇採用や、データ分析チームの立ち上げなどが行われました。

しかし、明確な目標設定が行われなかったり、社内データベースが未整備で新旧のデータや異なるデータ形式が混在するなどの問題も露呈しました。結局データを集めるばかりで、活用できなかったという反省が残りました。

データサイエンティストは必ずしも業務知識やビジネスセンスを持っているわけではありません[01]。そのため、現場や経営陣との乖離があり、データ分析の土壌が無い組織では、分析を行うために必要な社内調整のコストも大きく、前例主義や現場の経験が重視される環境では、データ分析という文化は定着しませんでした。

[01] データサイエンティストが分析すると…

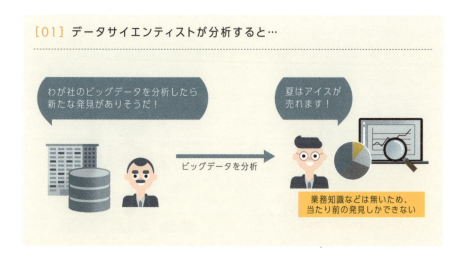

◆AI・人工知能・ディープラーニングブーム

　2012年頃から第三次AIブームが始まり、AI・機械学習・ディープラーニングなどのワードが普及しました。これまでのブームとは異なり、一般社会にも認知されたのが特徴です。とりわけ、囲碁AI「AlphaGo」が人間のプロ棋士に勝利したことは大きな話題を呼び、テレビのニュースでも取り上げられました。

　あらゆる製品やサービスで「AI搭載」が喧伝されましたが、人間が行う作業の一部の自動化や、既存技術と大差無い機能にとどまります。マーケティング、宣伝、IR目的で強引にAIに結び付けただけの「なんちゃってAI」も大量発生しました。また、大手SIer（P.155参照）やツールベンダーでは、既存製品の名称を変えただけでAIを名乗り、実績の怪しい"自称"AIベンチャーが思いのままに振る舞っていたのです。

　プレスリリースや記者会見で華々しく発表されるのは一部の成功事例のみで、失敗して日の目を見ないプロジェクトが大半でした［02］。これは、ビッグデータやデータサイエンティストブームと同様に、ITに理解のない経営層やユーザー企業の丸投げ体質によるものと考えられます。

　外注が開発したAIをさも自社が開発したようにプレスリリースで流したり、AI搭載データ分析ツールを導入しただけで成功事例のように扱われたりすることもありました。

　需要の急騰によってデータサイエンスの採用コストは上昇し、人材の争奪戦に

［02］一部の成功が大きく報道されるが数多くの失敗は語られない

なりました。AI脅威論も広がり、人間の仕事が奪われるなどの懸念も取り沙汰されました。しかし、実際にはリストラの口実に使われていただけで、この時点でAIが人間の仕事を奪うほどには進化していません。もっとも、AIで代替えできる仕事しかできない人材は、遅かれ早かれリストラは避けられないでしょう。

◆AIビジネス活用ブーム

　2018年まではAIへの理解が乏しいがゆえに、「とにかくAIを導入したい」「AIはすごい」という過剰な期待だけが先行した結果、費用対効果に見合わない案件が失敗に終わり、2019年からはAI導入に慎重になってきました。

　現在はAIをビジネスで利益を生むツールととらえ、AI活用法の議論を進めて実績や成功事例を証明する流れになってきています。また、人手不足が深刻化することで、自動化や省力化を進めるAI導入をあと押しする形となっています。

　それでもAIは、人間が行う単純作業の代替や技術的に容易な分野における導入にとどまり、外部のSIerなどに開発を丸投げする傾向はいまだ変わっていません。

　他社の事例を真似たとしても、データや環境などが異なるため、成功する根拠にはなりません。AI導入の敷居は下がっていますが、費用対効果と人間が行った場合の手間やコストに見合った結果が保証できない場合もあるため、まだ普及には遠いと考えられます［03］。

[03] AIよりも人間のほうが役に立つ?

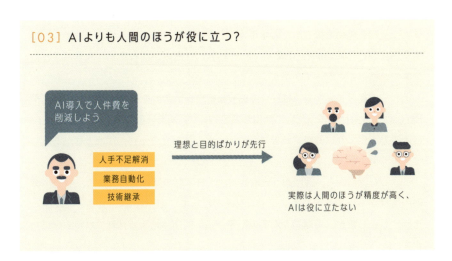

015

SECTION 02

PART1 このままでいいのか、データサイエンスビジネス

今、データサイエンスビジネスに何が起きているのか

今後の発展と成果が期待されるAIですが、
その一方でデータサイエンスビジネスは活発化しています。
今、何が起きているのでしょうか?

手作業での入力　　　　業務の自動化

◆「目的なき導入」から「ビジネスで成果を出す導入」へ

　これまでのAI導入では目標設定や利用用途が曖昧で失敗も多かったものの、徐々に業務改善に効果をもたらす用途へとシフトしていきました。それでも、特定業務における局所的なAI導入にとどまり、AI活用が進む企業と取り残された企業では格差が広がっています。
　例として重厚長大産業では、レガシーな業務システムをベースに電話やFAXやExcelによる業務も多く、AIの活用が限定的です。また、企業風土によっては、ITによる効率化に消極的で、結果としてデータ分析の文化が育たずに人材が不足してしまう業界が多くあります。
　こうした側面から、経団連(一般社団法人日本経済団体連合会)は、AI活用戦略の準備から実現を進めるフレームワークとして「AI-Ready化ガイドライン」を制定しましたが、重厚長大産業の影響が強い同団体による指針には疑問を感じます。

016

◆データサイエンス"ビジネス"は進んでいる

　一方でデータサイエンス"ビジネス"は活発で、投資資金の流入などによって起業は活発になりました。新たなサービスの展開や技術を活かした起業ばかりではなく、人材育成や転職支援など人事分野における新規参入も増えています。

　これは転職市場におけるデータサイエンティストの待遇が高騰して採用が難しい点や、中途採用ではなく社内育成により「AI人材」を確保したい企業向けに社内向けトレーニングが注目されているからです。一方で退職エントリーを見ると、大企業の優秀な人材がGAFAを始めとする外資系企業やベンチャーに転職しています。

　AIを活用するコンサルティングや受託開発を担う会社も増えており、既存のSIerでも徐々にエンジニアや実績を揃えて対応していますが、従来のSES（System Engineering Service）による人材の供給という側面も残っています。

　また、汎用人工知能や量子コンピューターなどAIの次も狙うベンチャーや著名研究室出身者による起業、大企業においては他社との協業や新規事業立ち上げなど、データサイエンス"ビジネス"は活発化しています［04］。

［04］AIにおける起業や新規参入が活発化

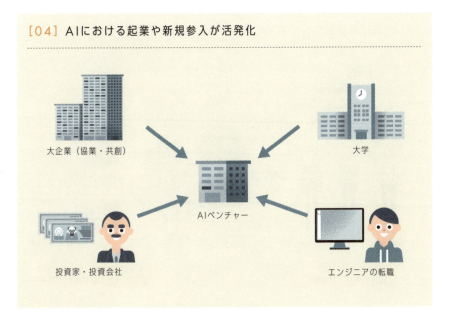

◆ビジネス活用は進むが…

　AIのビジネス活用が進む要因として、急速な技術進歩と導入コストの低減で、既存業務へのAI導入が現実的になった点が挙げられます。また、研究開発ではアメリカや中国に追いつけないため、AIを使う側としてビジネスモデルに特化せざるを得ない状況もあります。

　研究成果が公開されたり、新たな機能がクラウドサービスとして利用できるようになり、最新AIの導入と利活用におけるハードルは徐々に下がっています。日本のAI研究は諸外国と比べて遅れは否めず、基礎研究や産業界への応用が期待されるユニコーン企業は数社にとどまります。対してアメリカで研究されてオープンになった技術を転用したり、中国でブームになったビジネスモデルを取り込んだりすることで、日本市場を狙ったビジネスとして成功するかもしれません[05]。

　企業において「AI活用」「デジタルトランスフォーメーション」などのワードは叫ばれますが、実際にはビジネスを動かすのはAIやデータではなく社内政治や根回しです。もっともAIを声高に叫ぶ会社ほど、現場は電話やFAXで仕事をしているかもしれません。

[05] 他国の技術やビジネスモデルを活かす

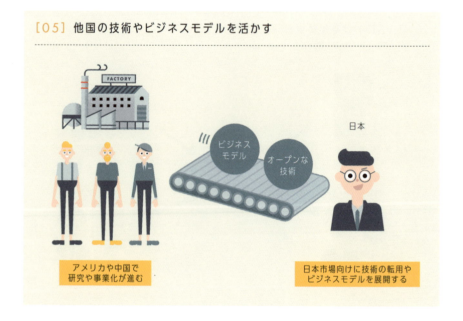

アメリカや中国で研究や事業化が進む

日本市場向けに技術の転用やビジネスモデルを展開する

◆ガラパゴスにAIの花は咲くのか

　電話やFAXと現金がビジネスの中心であるガラパゴスたる日本に、AIやデータサイエンスは普及するのでしょうか。

　まだまだ日本にはITリテラシーが根付いていません。アルバイトがスマートフォンの動画撮影によるバイトテロを起こす一方で、歴史と伝統ある電機メーカーのトップも「ITという隕石が落ちてきた」と他人事のような認識です。

　現金信仰が根強い日本では、電子決済サービスが登場してもあまり使われない傾向にあります[06]。社会生活においてITリテラシーに起因する課題は山積しており、IT社会の実現は道半ば以前です。掲示板にループプログラムを書き込んだ中学生の警察による補導は諸外国からも疑問視され、企業ではキャッシュレス決済において、スタートから数日で第三者による不正使用と粗末なシステム設計が発覚するのが実情です。一方で、2019年3月には「デジタル手続法案」において、法人設立時の印鑑の届け出を廃止する動きがありましたが、業界団体の反発により見送りになりました。

　こうしたお粗末なやり取りを繰り返す中で、AIやデータサイエンスの普及は進むのでしょうか？

[06] 各国のキャッシュレス比率

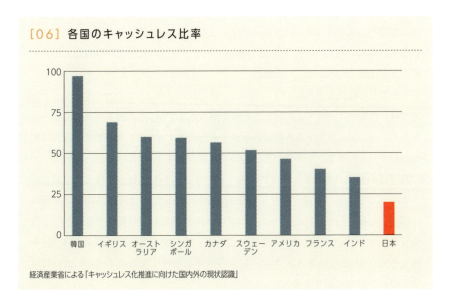

経済産業省による「キャッシュレス化推進に向けた国内外の現状認識」

SECTION 03

経営者に対する指摘

新たなイノベーションを生むためには、
経営者の交代や自由度の高い仕事環境が欠かせません。
ここでは、組織の経営者に対する指摘をまとめてみます。

◆経団連執務室にパソコンの衝撃

　経団連会長に日立製作所の中西宏明氏が就任した際、会長執務室に初めてパソコンが持ち込まれたことがニュースになりました。これは2018年5月のことで、それまでは対面の打ち合わせと電話で連絡を取り、メールは秘書が印刷していたのでしょうか。

　これまでの経団連会長は、ITについて一体どれだけ理解していたのでしょう。経営者は「情報が上がってこない」と不満を漏らしますが、社内外に点在するデータを集めて、会議に参加する人数分のレポートを印刷する手間もあります。社内の情報がわからないまま、いったいどうやって意思決定を下していたのでしょうか。

　経団連の歴代会長を輩出した製造業では、手を動かして何かを作るのは誰がやっても同じであり、下請けや非正規雇用で事足りるのでしょうか。パソコン操作は部下や秘書に任せ、ITという新たな産業への対策と情報収集を怠り、自社のIT投資は中身を理解せずにハンコを押すだけだったのでしょうか。そんな経団連が制定した「AI-Ready化ガイドライン」の水準を満たす加盟企業はどれだけ存在するのか、疑問は尽きません。

◆ ものづくりと島耕作の呪縛

　東京商工リサーチによる「2018年 全国社長の年齢調査」によると、社長の年齢分布は、60代の構成比が30.35％でもっとも高く、70代以上は28.13％でした。一方、30代以下は2.99％にまで落ち込んでいます。世代的には、ものづくりによる戦後復興と、高度経済成長からバブル時代までを体験しており、かつてはビジネスの趨勢を把握していたでしょう。

　しかし、社内政治や取引先との付き合いに特化し、自分の周囲しか見えないまま歳を重ねていけば、経済動向や最新ビジネスを察知することはできません。IT革命や中国経済の躍進を古い認識のままで見過ごしていたのでしょうか。

　大手電機メーカーは人員削減と事業売却によるリストラを進めても、ITやインターネットの隆盛を見誤った失敗が響いて、業績低迷から脱却できていません。結局、ものづくりからITへの転換期を見極められなかったのです。

　日本のビジネスマンにおける出世を描いた代表作は「島耕作シリーズ」ですが、あくまでフィクションです。しかし、同作のように経営者としての能力ではなく、派閥抗争や社内政治に特化した人間がトップに立っていなければ、ここまで酷い状況にはなりません。こうした側面さえ、ものづくりにおける因習なのでしょうか[07]。

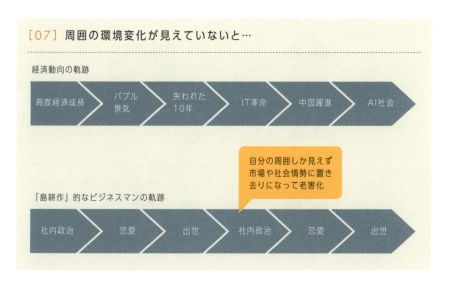

[07] 周囲の環境変化が見えていないと…

◆会社を変えられるのはトップである

　歴史と伝統の大企業を変えられるのはトップだけであり、変えられなければトップは交代するしかありません。不振にあえぐ大企業でトップが交代しても業績が回復しないのに鑑みると、社内政治で出世した人間は経営者に向いていないのでしょうか。それならば、年功序列のすごろく型でトップを交代するよりも、外部人材によるトップ交代が必要です[08]。

　少数の改革者による迅速な意思決定、しがらみや既得権益、カニバリゼーションに囚われない経営は、すごろく型社長では難しいでしょう。これができなければ、いつまでもリストラを行うだけで、業績は回復しません。

　歴史ある企業におけるトップによる改革では、IBMのルイス・ガースナー氏やノキアのリスト・シラスマ氏が挙げられます。ノキアはかつて携帯電話最大手で「北欧の巨人」と呼ばれていましたが、スマートフォンの登場で業績が悪化しました。後に携帯電話事業の売却や通信機器メーカーの買収を経て、通信インフラやライセンスによるビジネスモデルに転換し、同社を再興させました。

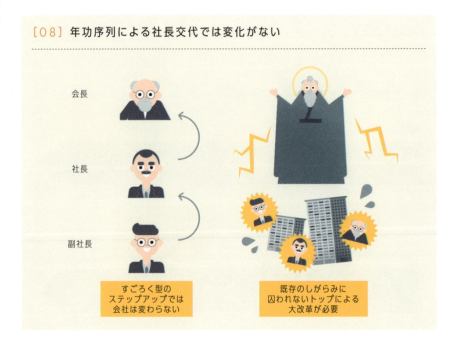

[08] 年功序列による社長交代では変化がない

◆異能者・イノベーターを抜擢せよ

　トップが会社を変えるには、新たな産業の萌芽となるイノベーションや技術革新の軽視を改めるべきです。技術者の地位や報酬の低さをとってみれば、それは明らかでしょう。かつてのものづくり企業の創業者、ホンダの本田宗一郎氏やソニーの井深大氏も破天荒なイノベーターでしたが、会社が大きくなって時間が経つと、島耕作型の社長へと変わり、現状維持と守りに入ってしまいました。

　研究開発においては、旧来の組織運営ではイノベーションは生まれません。イノベーションを生むためには、予算と組織を完全に分け、予算を投入し、細かな規則や派手な成果を求めず、出島のような外部組織で自由にやらせるしかないのです。会社組織によって限界はありますが、高報酬を約束し、失敗を許容する度量も必要になるでしょう。

　研究開発において短期的な成果の重視や、前例主義や縦割り組織のカニバリゼーションに囚われては何もできません。作業着を着せて、低スペックなパソコンを支給し、セキュリティルールに縛られ、安い机と椅子で仕事をさせる会社では、永遠にスティーブ・ジョブズは生まれません。

[09] 監視と管理の仕事環境では何も生まれない

SECTION 04

ミドル・マネジメント層に対する指摘

人手不足が深刻化する現代において、
より少ない人数で多くの成果を出すことが求められています。
データサイエンスを支えるミドル・マネジメント層の役割とは、何なのでしょうか?

◆ 楽することは罪ではない

　ミドル・マネジメント層が取り組む管理とは、上辺だけの監視ではありません。形式通りの作業を進めているかを監視するだけなら、AIによって代替されてしまいます。表面上の努力を見るのではなく、前例踏襲による停滞の打開策を見つけることが必要なのです。にもかかわらず、管理職が従来のやり方を頑なに堅持する抵抗勢力になってはいけません。それでは生産性の向上や会社の利益につながらないからです。

　こうした非効率な業務を変えるために、まずはトップから改革推進を周知する必要があります。そのうえで、業務の効率化や個人のスキルアップなど業績寄与に対する評価を下します。しかし現実は、決まったルールを守り、見た目だけの努力をして、上司の覚えがよい人間が評価されてしまうのです。

◆仕事は伝統芸能なのか？

　同じことの繰り返しでは現状維持であり、生産性も付加価値も向上しません。仕事も伝統芸能も同じで、いつまでも変わらず同じことを続けていれば、飽きられ廃れてしまいます。

　伝統芸能の世界では、受け継がれた歴史を引き継ぎながら、常に新たな題材を取り込んで変化していく側面があります。組織も外部の変化を察知し、新たな人材によるアイデアを試して、変わらなければなりません。

　私たちはいつまでもそろばんや電卓で仕事をするのでしょうか？　競争が求められる経済活動において、現状維持というのは倒産を早めるだけです。やり方を教えて受け継ぐだけでなく、伝統芸能の「守破離」のように、根底を学び、新たな方法を模索し、既存の概念から離れて、伝統と革新を融合させる必要があります[10]。

　成果を出すためのもっとも簡単な方法は労働力を増やすことですが、人手不足が叫ばれる昨今において労働集約型ビジネスは通用しません。より少ない人数でより多くの成果を出すことが求められている今、そのための仕組みづくりを進め、業務改革を推進するのがミドル・マネジメント層の役割です。また、こういった変化に反対する勢力を懐柔する役目も担っています。

　データサイエンスを利用し、手段を問わず、業務を常に変えていく姿勢が求められています。

[10] 組織は常に変化が求められる

◆KKD（勘・経験・度胸）からDNA（データ・数字・AI）

　ミドル・マネジメント層は、高い成果を出して生産性を向上させるために、部下がより高い能力を発揮できる環境を整えなければいけません。これは職場環境だけでなく、働き方やルールなどと多岐にわたります。

　これまでの業務の属人化によって人材育成に時間がかかり、問題が起きても担当者しか原因がわからないといった、非効率的な仕事のやり方を変えていくべきです。無駄な作業を排除し、電話や紙書類、ハンコといった煩雑な事務作業は無くしましょう。それを実現する社内システムへの提言なども行うべきでしょう。

　勘と経験と度胸によって属人化されたままでは、人手不足という情勢下で長期間にわたる人材育成や、試行錯誤が必要になる既存のやり方では存続できません。そのためにデータを集めて分析し、業務に反映するデータサイエンスを活用した業務の効率化が求められているのです[11]。

　チーム全体でデータサイエンスや数字、AIのリテラシー向上が必要になるため、まずは自身がそれを勉強しなければなりません。また、AI活用を役員に提案して予算を確保するのも、ミドルマネジメント層の仕事です。

[11] 旧来の方法を排除して効率化を図る

◆DNA（データ・数字・AI）に必要な縁の下の力持ち

　現場を知り、社内で一定の影響力を持つミドル・マネジメント層こそが、社内のデータサイエンスを推進する旗振り役になるべきです。管理職という立場で現場に口出しして報告させるのではなく、生産性向上と業務効率化を進めるのが本来の役割です。マネージャー自身が改革者となり、現場とメンバーの意識改革を促すべきです。そのために、メンバーの価値を引き出すために何をすべきか考え、上層部への影響力を行使して環境を整備するのがマネージャーの仕事です[12]。

　AIやデータ分析を現場に導入する際につまづくポイントは、ルールとして明示化されていない業務です。「現場のやり方」という曖昧な口伝だけでは、業務フローの最適化や効率的なデータ活用は望めません。これではデータサイエンスも数字もAIも根付かず、業務効率化は進展しません。

　今のやり方を守る立場から、率先して業務改革を進めるために、IT部門や上層部へのプレゼンス（影響力）を高める必要があります。IT部門を厄介者やコストセンター扱いするのはやめましょう。ミドル・マネジメント層はデータサイエンスを支える立場であるため、まずは社内システムへの理解と協力と感謝が必要です。縁の下の力持ち的な存在であることを認知し、ITエンジニアの業務や技術を理解しなければなりません。

[12] 働きやすい環境を作るマネジメントへの転換

SECTION 05

SIerに対する指摘

IT業界の構造は、大手SIerを頂点とするピラミッド型の多重請負構造となっています。社内システムにおけるSIerへの丸投げ体質が残る昨今において、改めてその役割が問われています。

◆ SIerの役割を改めて問う

　日本におけるIT業界の構造として、SIerはユーザー企業の社内システムにおける企画開発から運用保守まで一手に請け負ってきました。これは「丸投げ」「御用聞き」と揶揄される面もあります。対してSIer側も、顧客との窓口という立場を利用して、「プロジェクト管理」という名目で開発業務を外部に委託するピラミッド型の多重請負構造ができ上がりました。

　こうした多重請負構造によって社内システムは複雑化と肥大化を重ねて、全貌の把握が極めて困難になりました。それでもSIerにおける顧客との関係性は、いつまでどれだけの価値があるのでしょうか？　強みである巨大プロジェクトの遂行は、サグラダ・ファミリアと揶揄される都市銀行の基幹統合プロジェクトが一応の完成を迎えましたが、個別改修と大規模化を繰り返したシステムは、膨大な維持管理費から逃れられません。

　その結果、新たなビジネスを生み出す攻めのIT投資ができなくなっています。

本来果たすべきITによる業務効率化という本質を満たしていないのです。こうした下請構造と継ぎ接ぎによるシステム改修は、穴を掘って埋めるだけの公共事業のようなものです。

このような問題を先送りにし続けた末に、新旧システムが混在したブラックボックス化によって多大な経済損失が生じる「2025年の崖」という問題が叫ばれています。このままの状況が続けば、将来は誰も社内のITシステムを管理できない事態を迎えるかもしれません。

◆業務知識という闇

SIerが重視する「業務知識」も、このような状況を踏まえてブラックボックス化が進行しています。長年現場のルールで運用された自社向けの基幹システムなどは、担当者の頭の中が仕様となって「秘伝のタレ」になっているのです。

運用で曖昧さをカバーしたり、「ウチは特別」という思想を持って自社独自のやり方にこだわりすぎたシステムでは、データサイエンスやAIは活用できません。基幹システムを最初から作り直すのは現実的ではない以上、システムを利用する人間から変わらなければなりません。「業務知識」が明文化されていなければ、AI以前に業務システムさえも役に立たなくなってしまいます[13]。

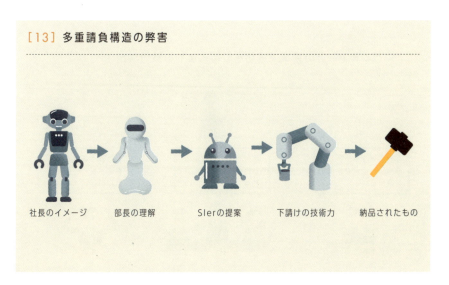

[13] 多重請負構造の弊害

社長のイメージ　部長の理解　SIerの提案　下請けの技術力　納品されたもの

◆新規事業のために大名行列で視察する時代錯誤

　既存ビジネスに行き詰まったSIerは、新規事業を立ち上げようとします。これは「オープンイノベーション」や「共創」と呼ばれ、ここで目を付けるのは協業先となる国内外のベンチャーです。新たな事業として、AI・IoT・データサイエンスなどの分野で、提携を持ちかけるのです。しかし、自社業務とのシナジーを活かせる会社の見極めができず、多額の費用をかけて失敗に終わるケースも多々あります。

　あわせて、大企業病に見られる合議制による検討でいつまでも意思決定が進まない問題や[14]、大企業としてのプライドでベンチャーをただの下請け先として見下したり、自社に呼びつけては説明だけさせて社内勉強会代わりにしたりするという事象も散見されます。

　ベンチャーにとって時間やリソースは限られており、口だけでお金を出さない大企業にボランティアをする余裕はありません。いつまでも進まない意思決定に「検討中」という回答だけで、本当にベンチャーと協業する意思はあるのでしょうか？

　これはシリコンバレーや深セン、最近ではエストニアなど海外における視察でも同様の問題が指摘されており、日本の大企業が世界のベンチャーから嫌われる要因にもなっています。

[14] ベンチャーとの協業で成功を収めるまでの意思決定

◆従来型ビジネスモデルから脱却する最後のチャンスか

　前提として、AIやデータサイエンスの世界では、これまでの業務システム開発における常識が通用しません。技術力を無視してエンジニアの頭数だけを揃えて、マネジメントでカバーしたところで、いつまで経ってもAIは完成しません。

　従来のビジネスモデルである、顧客への御用聞きとプロジェクトマネジメントから脱却しなければならず、人売りによる多重請負構造も、人手不足の観点から維持は難しくなっています。

　一方でAI・データ分析における開発では、ユーザー企業による開発の内製化や少人数が短い期間で開発とリリースを繰り返す「アジャイル型開発」の採用も増えています。AI・データサイエンスにおいては、こちらが有力な選択肢になっています。対して、大規模な業務システムなど従来型開発手法である要件定義や設計、実装などの各工程を順番に実施する「ウォーターフォール型開発」は縮小傾向にあります。

　今後AI・データサイエンス型のサービスを提供するのであれば、製造業をモデルにした従来型の組織・開発・人材・ビジネスモデルから大転換しなければなりません。今後は内製化・クラウド化・SaaS型への転換が進むため、外注・多重請負・労働集約の従来型システム開発のビジネスは成立しません。

[15] ウォーターフォール型開発とアジャイル型開発

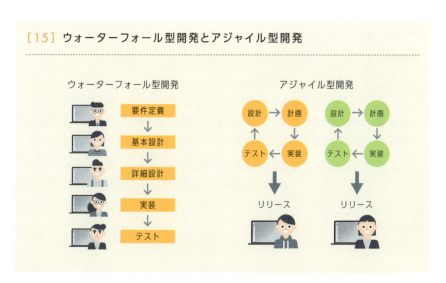

SECTION 06

非データサイエンティストに対する指摘

ビジネスの現場で多用されるExcelですが、データ量が増えていけば、いずれは限界が来てしまいます。
業務を効率化し、生産性を高めるためには、ITリテラシーを磨かなければなりません。

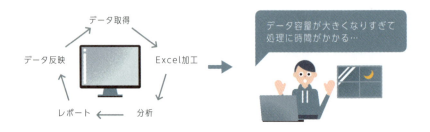

◆まだExcelで消耗してるの？

　ビジネスマンが仕事で使う機会が多いツールとして知られるExcelですが、日本にはびこるExcel業務は非効率的なものが多く、生産性を下げる要因となっています。誰でも使えるがゆえにどんな作業もExcelで行った結果、データの増大や複雑化を招き、バージョンや書式統一がバラバラな、いわば神ExcelやExcel方眼紙の温床となっているのです。

　データ分析においてもExcelでは限界があり、個人かつ少人数での運用にとどまります。機能強化によって、多様な分析モデルや大容量データの扱いも可能ですが、データ量が増えて分析手法が複雑化すれば、いずれ限界を迎えるでしょう。また、バージョンアップによる互換性の問題も生じます。

　Excelでの業務は、手作業や確認漏れなど人為的なミスを引き起こすだけではなく、バージョン管理の不備や開発者の退職などによるブラックボックス化などのリスクをはらんでいます。

　このように、会社全体の業務システムだけでなく、個人レベルの業務までも「今まで通りのやり方」から進歩していないのです。

◆自分の仕事をAI化せよ

　自分の仕事を一番理解しているのは自分です。AIは生産性を高めて自分がより良い仕事をするための道具であり、定型化された仕事は自動化すべきです。AIは仕事を奪うものではなく、仕事の価値を高めるツールです。短時間で高い成果を発揮して結果を出すのが、本来求められる「仕事」ではないでしょうか。

　まずは、AIで仕事を代替するにはどうすればよいかを考えるリテラシーを磨き、根拠を明示して、上司や情報システム部門、SIerなどに伝えられるようになりましょう[16]。これは努力して我慢するという洗脳からの脱却でもあります。

　仕事をAIに置き換えられるのか？　AIや他人ができる仕事なのか？　自分の仕事を「暗黙知」「秘伝のタレ」「属人化」させず、「自動化できる作業をコストの高い人間に任せるのは非効率」と考える習慣を身に付けましょう。AIが普及すれば自動化できる作業しかできず、付加価値を生み出せない社員はリストラ候補となるでしょう。そうなる前にAIを使いこなす立場になって、自分の価値を高めておきましょう。

[16] 仕事をAIに置き換えるリテラシーを磨く

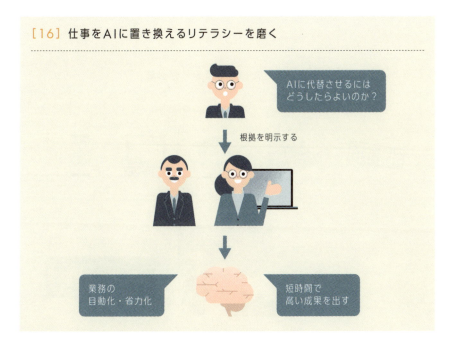

◆ガラケー以上のITリテラシー

　今の仕事をAI化するためには、新しいITツールを覚えなければならず、それを使いこなせない人間は生き残れません。自社向けにカスタマイズされて使い慣れた業務システムを、今後も利用できる保証はありません。

　すでに既存システムにおける改修や保守では、コストや人員の確保などの問題から、維持管理さえも難しくなっています。いずれはノンカスタマイズの汎用パッケージ製品に移行する可能性も考えられるため、それに順応できるITリテラシーを身に付けなければなりません。ベンダーや情報システム部門に丸投げせず、意見交換できるだけの知識は必須といってよいでしょう。

　ガラケーの通話機能しか使えないようなITリテラシーではクビになります。ITは常に進化し続けており、それに合わせてオフィス環境も変化してきています［17］。新たなITツールがオフィスに導入されており、昨今ではSlackなどのチャットによるコミュニケーションツールも利用されています。こうした変化に対応するためにも、新しいツールや動向を把握しながら、まずはガラケー以上のITリテラシーを身に付けましょう。電話だけで仕事をする人は、時代に取り残されるでしょう。

［17］オフィスの変化に合わせたITリテラシーが必要

◆自分だけの仕事で生きる道

これまでにも解説してきた通り、業務において無駄な手作業や属人化を無くし、自動化や省力化のためにやるべきことを考えて実行するITリテラシーが求められます。決まった作業を決まったやり方で行う業務は、AIが進化すれば真っ先に淘汰される仕事となるでしょう。現状では簡単にAI化できない仕事がまだ多くありますが、数年後は保証できません。時間と手間をかければ誰でもできてしまう仕事は、価値が急激に下落してしまうため、まずは自分自身が変わらなければならないのです。

その次に会社を変える必要があります。ITやデータサイエンスを使いこなす会社に転職したり、AIを使う側から提供する側になってもよいのです。無駄な努力を自動化・省力化し、自分が価値を見出せる仕事（付加価値）を見つけなければなりません。そのために、DNA（データ・数字・AI）のリテラシーを向上させる必要があるのです。

業務を自動化・省力化することで、人間は意思決定や創造（アイデア）といった、新たな業務に注力することができるようになるでしょう[18]。

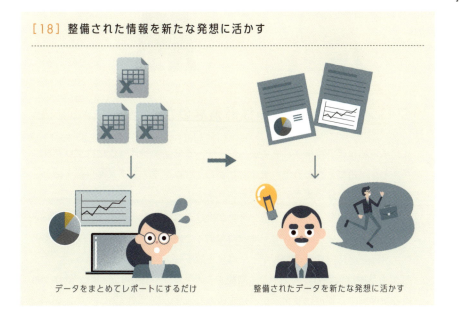

[18] 整備された情報を新たな発想に活かす

データをまとめてレポートにするだけ　　整備されたデータを新たな発想に活かす

SECTION 07

私たちはどのようなスキルを身に付けるべきか

データサイエンスビジネスが活発化してきている今、
私たちにはどのようなスキルが求められているのでしょうか?

PART1 このままでいいのか、データサイエンスビジネス

◆プログラミングスキルは必須なのか?

　ビジネス誌などで特集されますが、AI・データサイエンス時代には<u>プログラミングスキルが重要</u>と言われています。しかし、プログラミングスキルは人によって向き不向きが非常に大きい分野でもあります。

　それでも、簡単なスクリプトやマクロが書けるだけでも違います。楽して効率よく自動化するという、<u>プログラマー的な思考を養うのが大事</u>なのです。まずはプログラミングに対するアレルギーや偏見を無くしていくべきでしょう。

　AIでも基礎理論から学んで一から開発するスキルは不要ですが、AIが動作する仕組みを理解する程度のリテラシーは求められます。

◆エンジニアへの説明力

　プログラミングスキルを学べば、これまで丸投げでお任せだったシステム開発への理解も深まります（関連する技術知識は多岐に渡るため完全に理解するのは苦難の道ですが）。これまではエンジニアと非エンジニアにおいて前提知識の溝が深すぎるため、お互いの齟齬が埋まらないまま使えないシステムが量産されていました。

　こうした問題を回避するため、今後は非エンジニアにもITリテラシーの向上が求められます。従来の「こちらが金を払っている」「お客様は神様である」という発想は通用しません。なぜならエンジニアが不足し、仕事を選べる時代になれば、立場が逆転するかもしれないからです。プログラミングスキルがあれば、システム開発において「こんな感じで作って」ではなく、明確な指示が出せるようになります。

　システム開発に必要な作業や過程を順序立てて、漏れや重複が無いように論理思考で考えることは、無駄や非合理的な要素を排除して、よりよいシステムをリリースする道しるべになるでしょう[19]。ITは利用する側にもリテラシーが求められることを忘れてはいけません。それができなければ、貴方の代わりはAIが務めるでしょう。

[19] 開発には論理的思考が必要

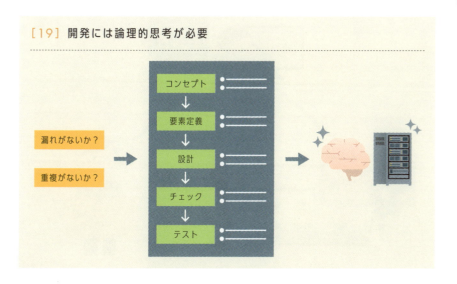

◆求められるのは「インプット」と「アップデート」

　これからはデータサイエンスと数字とAI（DNA）（P.26参照）のリテラシーを継続的に向上させるため、勉強や情報収集を怠らず、「インプット」が求められます。年配者にありがちな「昔はこうだった」という古い考え方や、根拠の無い自分だけの経験則に囚われてはいけません。

　近い将来は個人が持つ能力やスキルが、これまでの人生で培った知識や経験によって積み重ねられる特別なものではなくなるのです。AIを含めたIT技術の急速な発展にともない、これまで価値のあった技術や情報もいずれ陳腐化するでしょう。個人としての価値を維持するためには、さまざまな形で、自分自身を常にアップデートしなければなりません[20]。

　自分の市場価値を高めるのは、ビジネスマンとして常に求められることです。勉強は学校を卒業したら終わりではありません。30代や40代でもインプットとアップデートを怠れば、時代遅れの老害に成り下がり、生き残れなくなってしまいます。

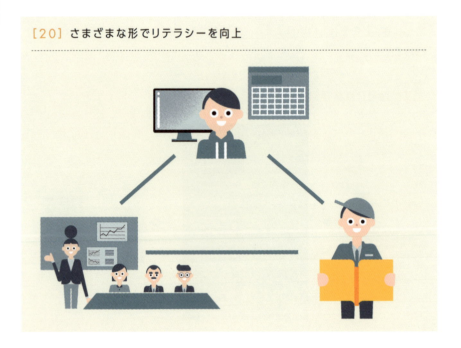

[20] さまざまな形でリテラシーを向上

◆「最終回を迎えたサザエさん」

　時間の流れが永遠に変わらないのはフィクションの世界だけです。たとえば、季節は移り変わるものの、登場人物が一向に歳を取らないテレビアニメ「サザエさん」です。この現象は「サザエさん時空」とも呼ばれています。

　現実世界ではテレビがブラウン管から液晶になり、韓国や中国メーカーが躍進しました。かつて液晶で名を馳せた企業は台湾企業に買収されて、総合電機メーカーはメモリ事業を売却して破綻を免れ、スポンサーからは撤退しました。そして現在のスポンサーはアマゾンジャパンです。不変の代名詞だったサザエさんですら、外部を取り巻く環境は変わっているのです[21]。

　昨日も今日も明日も同じ生活が保証される時代は、とうの昔に最終回を迎えました。現実世界では、サザエさんのようにITと無縁の生活を送ることはできません。それでもITリテラシーが低い人に配慮するなら、人的リソースが必要ですが、今の日本では人材そのものが不足しています。だからこそ、データサイエンスやAIを含めたIT化の推進が求められています。

　時代の流れに取り残されても、助けてくれません。現実はサザエさんのような優しい世界ではないのですから。

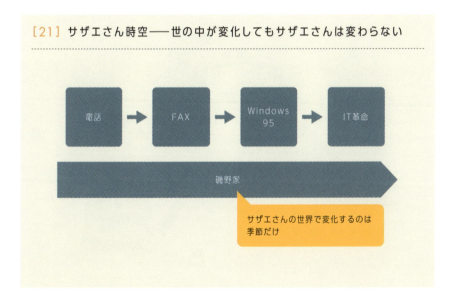

[21] サザエさん時空──世の中が変化してもサザエさんは変わらない

PART1のまとめ

［データサイエンスビジネスはどうあるべきか？］

PART1 このままでいいのか、データサイエンスビジネス

1 日本でしか勝てない分野で勝負せよ

AIを社会に浸透させて生産性の向上に寄与させるには、日本が優位性を誇る分野でAIを活用したり、法律や社会制度を整備したりする必要があります。たとえば、社会生活全般のデータとされる「リアルデータ」を活用できるような規格化や共有化の推進や、プライバシーや利便性に配慮しながらデータを適切に利用できる環境作りです。

AIの基礎研究において、日本が他国に勝つのは困難です。そのため、産業への応用や特定分野への特化など、日本が優勢を誇る面でAIを活用し、勝負するほかないのです。

ものづくりへの依存や少子高齢化が進む社会環境では限界があります。AI・データサイエンスなどのIT分野はすでに趨勢が決した撤退戦でしかないので、限られた手札で勝負するしかありません。

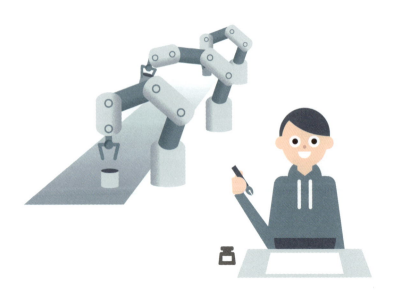

PART1では、データサイエンスの歴史や現在起きている問題と、経営者、ミドル・マネジメント層、非データサイエンティストに対する指摘を行ってきました。その内容をおさらいしましょう。

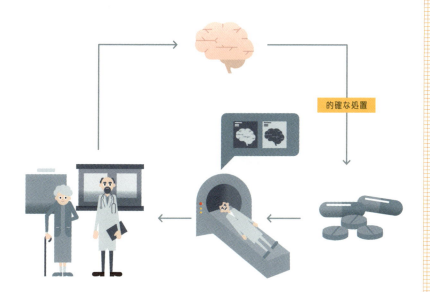

2 ものづくりと昭和の呪縛

過去の成功体験である「ものづくり」と呼ばれる昭和時代の神話は、企業統治から仕事の進め方に至るまで浸透しています。だからこそ、過去の固定観念から脱却しなければいけません。良くも悪くも強い同調圧力を利用して、全員が足並みを揃えてAI社会に順応していくべきです。

ものづくりに限らず精神性や職人気質など、曖昧な概念や過去の栄光を引きずって盲目的に礼賛したままでは、緩慢な死を迎えるだけでしょう。過去の経験や長年の勘という根拠無き方法論に依存するのではなく、数字とデータという客観的な情報に基づいた思考を持つべきです。脈々と続くものづくりと昭和という呪縛から、脱却しなければならないのです。

PART1のまとめ

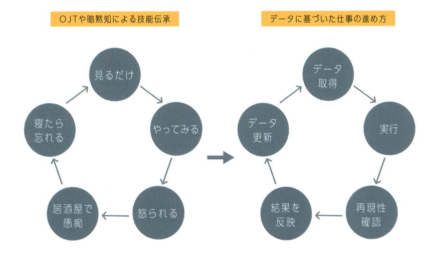

3 ## トリプルH（平均・変態・発想）で勝負

ものづくりと昭和の呪縛から脱却しても、人口や経済力でアメリカや中国には勝てません。真正面からではなく、異なる視点で勝負するしかありません。

日本人は世界的に見ても教育水準が高く、HENTAI（変態）と呼ばれるほどに一つのものを極める集中力を持っています。発想の大胆さをサブカルチャーやクリエイティブに生かして世界で勝負するのです。

スティーブ・ジョブズのようなイノベーターを1人生み出す社会ではなく、世界に誇るHENTAIを100人生み出し、教育レベルの平均が高い国民によって、社会全体を支える仕組みを構築できないでしょうか。すでにクリエイティブ分野で世界に誇る日本人は存在しています。斬新な発想や新たな技術を使いこなし、それをビジネスに展開しながら社会に普及させ、国全体で一人一人の能力を最大限発揮できるようになれば、将来も変わってくるでしょう。

SUMMARY　データサイエンスビジネスはどうあるべきか？

アメリカ

人口

少人数の天才がイノベーションを起こすが、社会全体では貧富や教育の格差が大きい

才能

日本

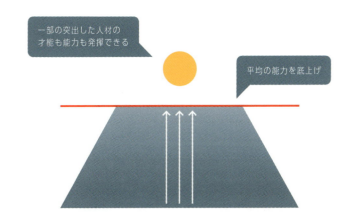

一部の突出した人材の才能も能力も発揮できる

平均の能力を底上げ

043

COLUMN　　｜　　データサイエンスの小噺

昭和アナログおじさんの根絶

　テクノロジーの進歩と同時に、昭和の価値観が崩壊する日が迫っています。今あるものを守るだけでは、国際社会から孤立し、ガラパゴス化してしまいます。盲目的な年功序列の信仰、年長者の経験と勘による意思決定、新たな技術や変化の否定、技術者への冷遇といった昭和の悪習は一掃しなければなりません。

　たとえばレジの無人化や、自動運転の推進に対して、「人間の温かみを感じられない」「年寄りには使えない」と反発するだけでは何も解決しません。そうした問題を抱える地方とお年寄りを助けたくとも、人口減少社会では人間による解決策の限界があります。仕事もコンビニも無く若者が去っていく田舎には、都会はもちろん外国からの移住者も見込めません。そうなれば高齢化による諸問題の解決策として、AIを含めたテクノロジーを積極的に利用すべきではないでしょうか。

　本来は日本が率先して取り組むべき分野ですが、新しい技術はいつまで経っても普及せず、諸外国からも取り残されている体たらくです。我々が生きる世界はバブル時代でも島耕作の世界でもサザエさん時空でもありません。2019年というAI・データサイエンス時代を迎える世界をインストールして、常に新しい時代にアップデートしなければなりません。バブル時代で思考停止した人間は排除し、新しい世代に交代することが急務です。

PART

2

データサイエンスビジネスを
牽引する力の付け方

SECTION 01

3つの力──サイエンス、エンジニアリング、ビジネス

PART2 データサイエンスビジネスを牽引する力の付け方

「データサイエンス」は特殊能力ではありません。
また、到底1人で担えるものでなく、役割分担が欠かせません。

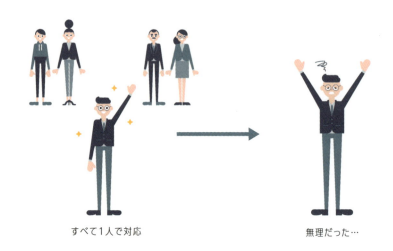

すべて1人で対応　　　　　　　　　無理だった…

◆ データサイエンティスト1.0は「魔法使い」

　データサイエンス業務を実行する「データサイエンティスト」という職業が、日本で注目を集め始めたのは2012年のことです。当時は「21世紀で一番セクシーな職業」「データの海に飛び込んで宝を見つける魔法使い」ともてはやされ、さまざまなビジネス紙で何度も特集されました。

　それから7年以上が経過して、データサイエンティストを採用した現場でナレッジが溜まり、「魔法使いが何でもしてくれるわけではない」という認識が広まりました。なぜなら「何のために分析するのか？」「どこにデータはあるのか？」といった課題設定やデータ収集は、データサイエンティスト1人では遂行できない業務だからです。ほかにも、「雨の日には売上が落ちます」という周知の事実を披露して、「現場のこと何も知らないね」と失笑を買った例もあるようです。

◆データサイエンティスト2.0は「異なる能力を持つチーム」

データサイエンティストを何でもやってくれる魔法使い扱いするのではなく、複数人で構成されるチーム体制を構築する例が増えています。具体的には、統計に詳しいメンバーのほかに、セールス、マーケティング、エンジニアなど、社内の各部署から参加して、チームとして成果を出すのが新しいデータサイエンティストの在り方と言えるでしょう。

一般社団法人データサイエンティスト協会は、データサイエンティストに求められるスキルセットを「ビジネス」「データエンジニアリング」「データサイエンス」に分解し、それぞれ異なる力が求められると定義しています[01]。言い換えれば、これらのスキルをすべて1人に任せる体制に無理があったのです。

[01] 求められるスキルセット

ビジネス力：
課題背景を理解したうえで、ビジネス課題を整理し、解決する力

データサイエンス力：
情報処理、人工知能、統計学などの情報科学系の知恵を理解し、使う力

データエンジニアリング力：
データサイエンスを意味のある形に使えるようにし、実装、運用できるようにする力

SECTION 02

データ分析、2つの「型」

柔道や剣道のように、データ分析にはある程度決まった型があります。
つまり向き、不向きもあるのです。

◆ データ分析にはアプローチがある

　データ分析には2つのアプローチがあります。
　何が問題かわかっていて、解決するための仮説が浮かんでいる場合は「確証的データ分析」というアプローチを採用します。たとえば、「売上を上げるため、唐揚弁当と缶コーヒーのセット販売はほかのセットよりも売れるのではないか？」という仮説を立て、その仮説が正しいかどうかを検証します。
　しかし、そもそも何が問題かもわからず、仮説すら浮かばない場合があります。その場合は「探索的データ分析」というアプローチを採用します。たとえば、膨大なデータを整理してグラフ化し、「特定の人に売上が偏っているのはなぜ？」「どうして第3水曜日は売上が低いんだろう？」という発見や気付きを得ます。
　どちらのアプローチに優劣があるのではなく、データサイエンティストは両方のアプローチを交互に使い分けながら分析を進めていきます。

◆探索的から始めて、確証的・探索的を繰り返す

多くのデータサイエンティストは、まず探索的データ分析から始めて仮説を見つけます。なぜなら、間違った疑問に対して正しい解答を導くよりも、正しい疑問に対して間違った解答を導くほうがまだよいからです。

たとえば、東京にいる人が「北海道でカニを食べたい！」と思ったとき、飛行機を使って沖縄に向かうのと、歩いて北海道に向かうのとでは、どちらのほうがまだマシと思うでしょうか？　どれだけ早く目的地に着こうと、行先を間違えたら永久に北海道に辿り着けません[02]。

探索的データ分析で仮説を見つけたら、次に確証的データ分析でその仮説が正しいかを検証し、間違っていれば再度探索的データ分析で仮説を見つけます。仮説が合っていても、仮説の正しさを補強するために、もう一度探索的データ分析を行うことも少なくありません。

[02] どちらが早く目的地に辿り着けるか？

SECTION 03

データサイエンスビジネスの プロセス

データサイエンスビジネスは、
どのように始まり、どのように終わるのか、
その流れを整理しておきましょう。

◆ 1.目的を定義する

　最初に、「データ分析を通じて何がわかればよいのか？」を決めます。「なぜ売上が落ちているの？」というざっくりとした内容から、「来週のおすすめ商品は○○乳業の牛乳が最適か？」という明確な内容までさまざまでしょう。

　また、依頼を受けた業界が未知の場合、まずは用語を理解し、データの意味を理解するところから始めなければいけません。でなければ数字は読み取れても、それがどういう意味なのかがさっぱりわからないからです[03]。

◆ 2.データを収集する

　何がわかればよいかが決まれば、それを証明するために必要なデータを集めます。探索的データ分析の場合、とりあえず今あるデータをすべて集めることから始めるとよいでしょう。

　必要なデータが手元に無いというパターンはよくありますが、その場合は分析に取りかかる前に、データの計測から始めなければいけません。また、データはあるものの紙で保存しているというパターンもよくあります。その場合、分析はコンピューターを使うので、データをすべてデジタル化する必要があります[04]。

[03] ビジネスプロセス

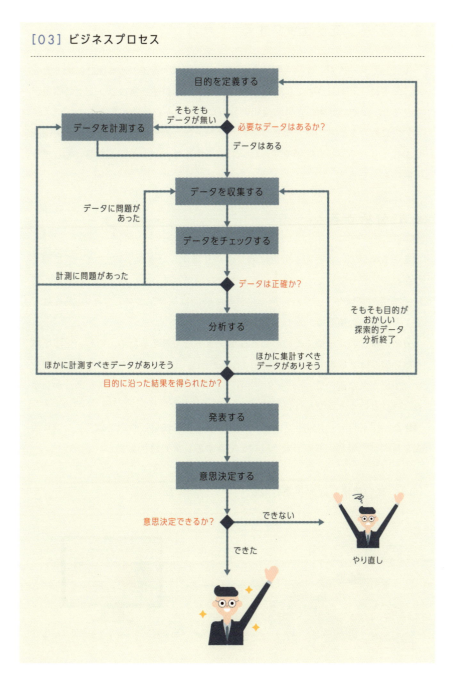

SECTION 03　データサイエンスビジネスのプロセス

◆3.データをチェックする

　集計したデータが、すべて漏れなくブレなく正常・正確である保証はありません。筆者は、昨月比が約2万％になった来客数の分析や、常に10〜20gの誤差が生じるIoT機器で計測した異常検知の分析に取り組んだ経験があります[05]。

　分析に取りかかる前に、データの欠落が無いか、誤差は無いかなどを必ず確認しましょう。そうした問題を知らないで分析すると、誤った結論を導いてしまう可能性もあります。

◆4.分析する

　ここまできて、ようやく分析に取りかかります。いきなり4のフェーズに取りかかれると思っていた人は多くいるのではないでしょうか。個人的な経験として、1〜6までのプロセスのうち、1〜3に費やす時間はプロジェクト全体の8割程度です。それぐらい重要で、かつ手間がかかります。

　分析には、答えを導くためのある程度決まった型があるため、新しい手法を試さない限りはそこまで迷走しません（P.56参照）。しかし、プロジェクトは一つ一つ姿や形が異なるので、「データが半年分しか無い」「どこにデータがあるかわからない」というトラブルは付き物です。

　また、探索的データ分析プロセスでは、「もしかして○○なのでは？」という仮説を見つけた場合、もう一度「目的を定義する」まで遡ります。

[04] 紙のままでは分析できない

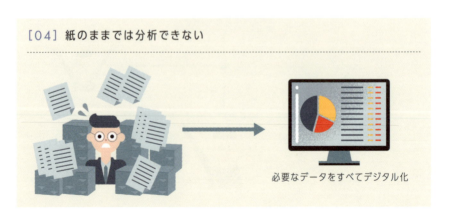

必要なデータをすべてデジタル化

◆5.発表する

　多くの場合が、データサイエンスを知らない人にデータサイエンスの結果を発表するので、ここではもっとも論理的思考が問われます。聞く側は答えを知りたいのに、発表する側が解き方を延々と説明するプレゼンはよくあります。

　また、「So what？（だから何？）」と問われない構成を心がけます。発表資料は、「結論」→「次に取るべき行動」が即座に回答できるようなフォーマットにしたほうがよいでしょう。

◆6.意思決定する

　遠足は家に帰るまでが遠足であるように、データサイエンスビジネスは分析結果を受けて何らかの結論が導かれるまでがデータサイエンスビジネスです。分析を終えて発表して終わりではありません。

　「結果を出すのは上長の仕事だから私には関係ない」というスタンスは避けたほうがよいでしょう。上長が正しく判断できるようにアシストするところまでがデータサイエンスビジネスです。

　以降のページでは、各プロセスをより詳細に落とし込んで、どのようにビジネスが進んでいくのかを解説していきます。各SECTIONの冒頭に、それぞれどのようなスキルが求められるかを記載しています。

［05］ 異常値は実際にデータを見て気付く

年月	来客数	総売上
2018/07	2,167	9,752,891
2018/08	2,267,000	10,748,100
2018/09	2,156	9,672,009

余計な"0"が誤って入力された

SECTION 04：ビジネスの視点

「やりたいこと」を決める

PART2 データサイエンスビジネスを牽引する力の付け方

データサイエンスビジネスは、
まず何を知りたいのかを定義することが必要です。
分析に必要なデータは現場の人間が把握しているため、
現場の協力が欠かせません。

		分析したら…	
		わかった	わからなかった
依頼した側が…	知っている	ここが多い！	データに現れない暗黙知
	知らなかった	本来期待される	

◆何がわかればよいのかを真っ先に定義する

　データ分析の現場でありがちなのは、クライアントからデータだけ渡されて、「これで何かわからない？」と依頼される機会です。実際に分析して見せると、「それはもう知っている」という溜息が漏れて終わります。

　このようなミスマッチを避けるためには、まずデータから何を知りたいのかを定義します。具体的には、課題を発見するヒントか、課題を解決する方法です。

　データ分析に詳しい必要はなく、むしろビジネスへのよい影響や、個別具体的に商品Aの売上が落ちている理由など、「ここまではわかっている。ここから先がわかると嬉しい」と言えるような、知りたい答えを定義するところからデータサイエンスビジネスは始まります。

　たった一度の分析だけで、すぐさま答えに辿り着く可能性は限りなく低いです。何度もスタートラインの「何がわかればよいのか」に戻ってきてしまうでしょう。目的地を決めずに登山しても、いつまでたってもゴールに辿り着かないのと同じで、単なる時間の浪費でしかないのです。

054

◆「必要なデータは何？」チームで議論を

分析にどのようなデータが必要かは、データサイエンティストよりも、現場にいる人間のほうが詳しいものです。したがって、データサイエンスビジネスの推進に重要なのは、「現場の理解と協力」です。

得たい答えに辿り着くためには、ヒントとなるデータは多ければ多いほどよいでしょう。しかし、現場の協力がなければ「あのデータは関係あるかもしれないけれど、私には無関係だから別にいいか」で済まされ、貴重な機会を失いかねません[06]。

チームで集まって「データサイエンティストに〇〇な理由を調べてもらおうと思うけれど、関係しそうなデータは何ですか？」と先行して議論するのもよいかもしれません。要は自分事に感じてもらうのです。

なぜなら、データサイエンティストが課題を解決する方法を見つけても、実際に解決するのは現場だからです。現場がわかりもしないで無理難題に押し付けては、何も進まなくなります。

[06] 現場の協力なくして課題は解決しない

SECTION 05：データサイエンスの視点

方法を設計する

データサイエンティストは分析手法をすべて把握しているわけではありません。
知りたいデータをどのような手法で解いていくのか、
データサイエンティスト同士で共有し、
解決の糸口を見つけるのです。

データ　　分析手法　　得たい答え

◆ 手法の選択がカギ

　SECTION 04で定義した「知りたいこと」と、それを得るために必要だと思われるデータが揃ったら、どのような手段で解くべきかを考えます。これはデータサイエンティストの仕事です。
　人それぞれタイプはあると思いますが、筆者の場合は、紙におおよそのプロセスを書き記し、時にはプロトタイプの実験を行って、どの手段を用いればよいかを決めるようにしています。
　統計学や機会学習にはさまざまな分析手法があります。どのような種類のインプットを与えれば、どのような種類のアウトプットが返ってくるかはわかっています。
　料理で考えてみましょう。食べたい料理を決め、素材がひと通り揃っている場合、素材を焼くか、煮るか、蒸すか、炒めるか、どうすれば一番美味しく食べられるかを考えるのです。ここは、データサイエンティストの腕の見せどころと言ってもよいでしょう。

◆手法は千種類、実際は数十種類

統計学や機会学習など、その分析手法は数多くあります。筆者自身もすべてを数えたわけではありませんが、おそらく千種類以上はあるのではないでしょうか。

では、大半のデータサイエンティストがそのすべてを理解し、使いこなせているのでしょうか。答えはNOでしょう。書籍を見たり、ネットで検索したりすればさすがに使えるとは思いますが、知らない手法ばかりで四苦八苦するのではないでしょうか。

実際のところ、問題を解くための型がある程度決まっている人が大半です。剣術の流派のようなもので「得意な方法」を誰しも持っていて、無理やりそのような型に持っていこうとする人も中にはいます。

したがって、複数のデータサイエンティストがいる場合は、使おうと考えている手法をお互いに共有し、議論することが大切です[07]。筆者も、分析前に一度立ち止まって、どのような手法がよいかを協議することをすすめています。手段にこだわりがちな技術者に、目的に立ち返ってもらう重要なタイミングだと考えます。

[07] 使われる手法はさまざま

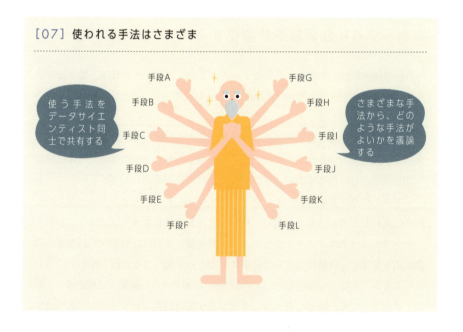

SECTION 05　方法を設計する

SECTION 06：エンジニアの視点

データを計測する

近年のIoT化にともなってデータ収集が容易になり、
ビジネスの現場でも多く使われるようになりました。
データサイエンスにおいても、
データの計測は重要な役割を果たします。

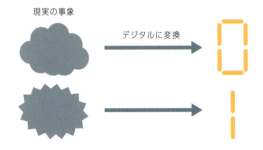

◆ あらゆる社会事象を数値化する

　分析手法を設計した際に、必要なデータが手元に無いとわかれば、まずはデータの計測から始めます。「無ければ計測する」が鉄則です。そこで、あらゆる社会事象を数値化してしまうのです。
　数値化とは、曖昧で割り切れない現実をどこかで区切って、曖昧ではないデータに置き換えるという作業です。データで表現しきれなかった分の情報は抜け落ちてしまうことになりますが、無いよりはよいでしょう。
　データを計測する範囲を、インターネット（Web）の世界とリアル（現実）の世界に区分して考えると、計測のしやすさは大きく異なります[08]。
　インターネットはデジタルのため、計測できない範囲は比較的少ないです。計測手法も発達し、自動化も進んでいます。むしろ手動による計測が珍しいぐらいでしょう。一方で、リアルはアナログのため、計測できない範囲が比較的多く、計測できたとしても、前述したように少なからず抜け落ちてしまう情報があります。

[08] インターネット（Web）とリアル（現実）の計測区分

	インターネット(Web)	リアル(現実)
自動計測	○	△→○
手動計測	△	○

インターネットは自動計測に長け、リアルは手動計測に長けている

◆IoTの発達がもたらす変化

ところがIoTの発達にともない、リアルの世界における自動計測が進歩を遂げ、計測できる範囲が格段に広がってきています。今までリアルの世界ではデータの自動計測は苦手なほうだったのですが、それも2010年代後半にはほぼ解決されていると言えます。

たとえば、トラクターにIoTを搭載すれば、GPSを使って距離を計測し、自動で畑を耕すことが可能になるなど、活用範囲は大きく広がりを見せています[09]。

[09] 無人トラクターによる農作業

SECTION 07:エンジニアの視点

データを収集・蓄積する（オンライン系データ）

データの分析をしやすくするために、クラウド上にデータを蓄積する方法が考えられます。オンライン系データの場合は、個人情報の取り扱いには細心の注意を払う必要があります。

◆データを蓄積する基盤

　デジタルデバイスの発達により、ネットやアプリなどのデータ収集量は増える一方です。昔ならデータを保管するだけでも大金だったかもしれませんが、今では安いものです。

　たとえば、パソコンを使ってECサイトで何かを買ったり、スマートフォンを使ってゲームをしたりなど、そのデバイス上での履歴はすべて収集・蓄積されます。デジタル上の履歴について、わざわざアナログな紙で記録する必要はありません。

　収集されたデータは、後工程に控えている分析のやりやすさを考えると、RDBMSやNoSQLなどのデータベース（システム）に蓄積するのがよいでしょう。単純にサーバーログを吐いているだけであったとしても、最近であればFluentdを使ってAWSなどのクラウド上に転送する方法もあります。

　テクノロジーの力を使えば、データを蓄積する基盤までの流れを自動化することも比較的容易になってきました。

◆個人のプライバシーは絶対に守る

　履歴は、どこかの誰かの行動を指しているので、個人のプライバシーを必ず守らなければいけません。「特定の個人を識別できる」ものはすべて個人情報です。氏名や住所以外にも、メールアドレスで個人を特定できてしまうのであれば、それは個人情報に該当します。

　2017年に施行された「改正個人情報保護法」により、個人情報を加工して特定の個人を識別できないようにすれば、一定のルールの下で本人の同意なしに外部に提供できるようになりました。一方で、そのデータが実際にどのように使われているのかなど、個人が自分のデータをどう使われているのかをより把握できるように規制強化されました[10]。

　この問題に関する要点をまとめると、隠れてデータを収集しない、ユーザーを騙してデータを収集しない、ちゃんと理由を説明するに尽きます。データサイエンスビジネスは、陰でコソコソやらなければならない仕事ではありません。

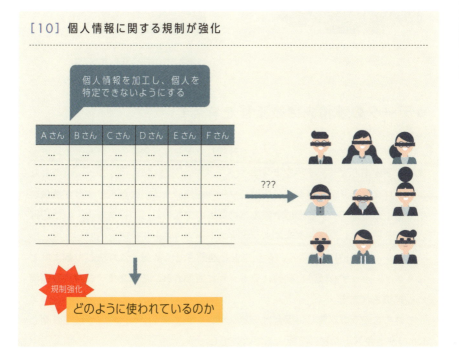

[10] 個人情報に関する規制が強化

SECTION 08：エンジニアの視点

データを収集・蓄積する（オフライン系データ）

PART2　データサイエンスビジネスを牽引する力の付け方

リアルで計測されたデータを分析するには、デジタル化しなければならず、
そのためにはプログラミング言語や分析ツールが必要になります。
データを蓄積する際は、後工程を考慮し、
分析しやすいデータで記録しておきます。

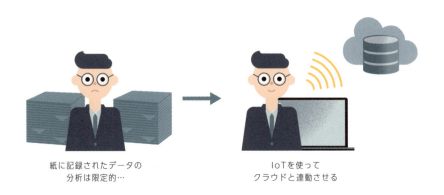

紙に記録されたデータの
分析は限定的…

IoTを使って
クラウドと連動させる

◆ データの蓄積先は後工程を考えて

　インターネットと違って、リアルで計測したデータは最終的にデジタルに置換する必要があります。データサイエンティストは分析において、PythonやRなどのプログラミング言語や、分析用のツールを使います。これらはすべて機械の上で動くため、データも機械で読み込めるものでなければいけません。紙に記録されたデータだと、データサイエンティストができる分析は限定的でしょう。

　したがって、IoTを活用し、クラウドと連動させて計測する方法が一番よいと言えます。そうすれば、自動的にデジタルに置換され、そのままデジタルな環境にも蓄積されます。

　それらを使うのが難しい場合は、パソコンやタブレットを使って手動で計測し、Excelやテキストなどに記録するとよいでしょう。

◆「データがある」とは？

手動で計測する場合は、最低でもExcelに記録していきましょう。手動だとすべてが計測しきれず、抜け漏れや書き間違いが発生するかもしれませんが、それは後工程でチェックすれば済みます。

筆者の個人的な経験談ですが、「社内にデータがいっぱいあるから活用して」と聞かされたためさっそく見てみると、すべてのデータがPDFや写真（JPEG画像）で記録されており、腰を抜かしたことがあります。「そのほうが楽だから」と言われましたが、分析に使うためにデジタル化するのに大苦戦しました。

データサイエンスビジネスを推進するためには、「データがある」とは<u>「デジタルデータがデータベースのようなデータを取り扱うシステム基盤上で管理されている」</u>と同義になります。紙で記録された数字は（今まで会社内ではそれがデータだと言われていたとしても）データと言わないほうがよいでしょう。後工程に控える分析に使えてこそデータなのです[11]。

[11] 手動での計測は分析に使えるデータにしておく

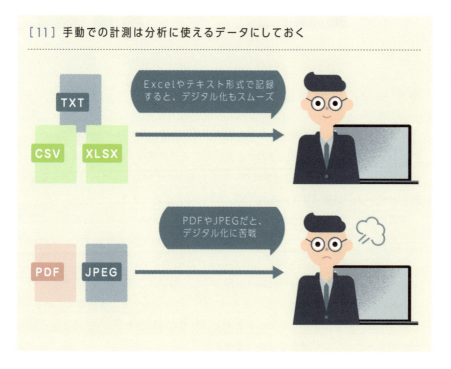

SECTION 09:エンジニアの視点

データをチェックする

PART2 データサイエンスビジネスを牽引する力の付け方

収集したデータが必ずしも正確であるとは限りません。
どこかしらに間違いはあるものです。
データ分析を行う際には、
データのチェックが重要になってきます。

◆データには間違いがあることを意識する

　リアルだけでなくインターネットにおいても、必要なデータが抜けや漏れなく、誤差なく正確に計測されて、すべてきれいに手元に出揃っていることはまずありえません。「蓋を開けてみると実はデータが計測できていなかった」「内容を見てみるとデータが結構ズレている」、そんな事態はよくあります。
　筆者は、100回に1回は0.5％の計測誤差が発生するシステムや、計測漏れが発生して前日比数百％減になったアクセスログの分析経験があります。いずれも「データがちゃんと取れている」と言われていた案件です。
　そうしたデータを元に分析に取りかかっても、間違った答えしか得られず、やり直しは確実です。したがって、「もらったデータは絶対にどこか間違えている」という前提に立ち、きちんとデータをチェックする必要があります。そこから分析が始まるといっても過言ではありません。

064

◆どんなチェック方法がある?

データのチェック方法にはさまざまなものがありますが、筆者自身がよく行っているのは、グラフ化による確認や、実際に一部のデータを目視で確認する作業です。そのほかにも、必要なデータ項目が揃っているかどうかを、目的や設計手法に照らし合わせて考える時間を取ります[12]。

データを折れ線グラフや棒グラフで表現すると、特定の時間だけが計測できていない、あるいは特定の項目だけやたらとデータが突出しているなどがひと目でわかります。異常値や計測機器のエラーなどはすぐに見つかるでしょう。そのほかにも、分析対象のデータを一行一行目視で確認するのもおすすめです。

また、手元にあるデータを並べてみて、「本当に必要なデータが揃っているか?」をあらためて俯瞰したほうがよいでしょう。実際に分析を始めてしまうと、そのデータだけで物事を考えがちだからです。データが無いなら前工程に戻るなどの対策を取らなければ、間違った答えを導く可能性があります。

[12] チェック方法の例

	チェック方法	内容
☐	グラフにする	手元にある数字群のグラフを作成(詳細はSECTION 10 を参照)。異常値やエラーが無いかを確認する。
☐	目的・設計と照らし合わせる	手元にある数字群を、それぞれの目的や当初設計した分析手法に照らし、足りているかを確認する。
☐	実際に見る	手元にある数字群を一部でもよいので実際に目視で確認する。

SECTION 10：サイエンス手法①

データの集まりの代表を取り出す「要約」

PART2 データサイエンスビジネスを牽引する力の付け方

データの分析を行うためには、まずデータの全容を掴んでおかなければなりません。データの姿や形を把握するために用いられる「要約」には、さまざまな手法があります。

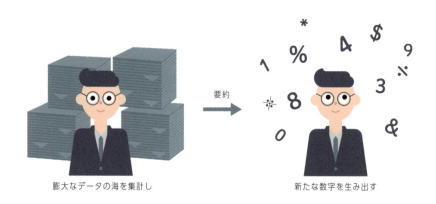

膨大なデータの海を集計し　→　要約　→　新たな数字を生み出す

◆「要約」とは？

　データとは、Excelのように横に何列も、縦に何行も膨大にある数字のかたまりです。いきなりデータを渡されて「あとはよろしく」と言われても、そのデータ自体がどのような内容であるのかを把握しなければ分析のしようがありません。
　そこでまず、データの姿・形の把握から始めます。実体があれば目で見て手で触れますが、分析してほしいと渡される数字は大半がデジタル（たまに紙）で、そもそも全容が掴めません。
　そのため、データの海に飛び込み、データの特徴を代表する値を新たに作成する「要約」という手法を用います。要約によって代表するデータを新たに生み出し、全体像や特徴を把握することで、データすべてに目を通さずともデータの姿・形を掴めるようになります。

066

◆ データを代表する値は何か?

要約の手法の1つに、データを代表する値の「抽出」があります。もっとも特徴的な値の抽出と言い換えてもよいかもしれません。

中でも、もっとも使われるのは「平均」です。データを代表する中間的な値として平均はよく使われます。たとえば、5人の男女がいたとして、それぞれ年収300万が2人、350万、450万、1000万が1人ずついたとします。このときの平均年収は480万です。実際には、この5人の中に年収が480万の人はいません。平均として新たに生み出されたデータです。これが平均の弱点です。ただし、実際の数字と比べると「中間」とは言い難いでしょう。

平均のほかに、データを小さい順番に並べたときに中央に位置する「中央値」を用います。前述の年収の例で言えば、中央値は350万です。データの真ん中を知るためには、平均と中央値の2種類があると知っておけばよいでしょう。

また、データの中での最多登場回数を意味する「最頻値」などがあります。まずは、「平均」「中央値」「最頻値」の3つを知っておきましょう[13]。

[13] 平均と中央値と最頻値

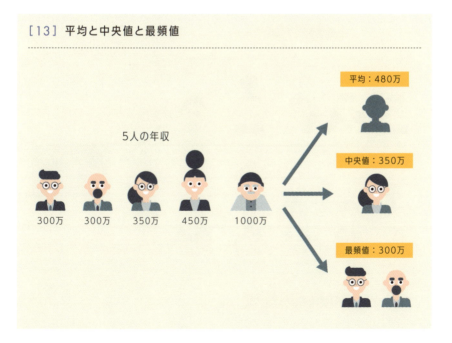

◆データはどれくらい散らばっているか？

　AとBの平均や中央値が同じだからといって、データのすべてが同じであるとは限りません。あくまで要約した結果が同じなだけです。

　要約には、前述した手法のほかに、データが中心からどれくらい散らばっているかを見つける手法があります。もっともよく使われるのは「標準偏差」です。データが平均値の周りに集中していれば標準偏差は小さくなり、平均値から広がっていれば標準偏差は大きくなります[14]。標準偏差は「散らばり」を意味しており、たとえば、製造業などの小さな誤差が命取りになる業界では、ネジの直径に誤差が出ないように標準偏差に着目しています。

　実は、受験でお馴染みの偏差値も、求め方に標準偏差が使われています。馴染みのない言葉かもしれませんが、データの形を把握するうえでもっともよく使われていると言えるでしょう。

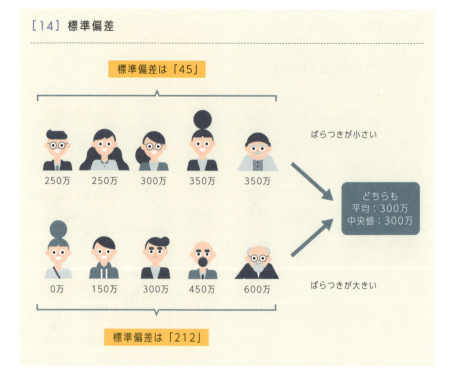

[14] 標準偏差

◆データの形そのものを表現する

平均、中央値、標準偏差などを用いて新たなデータを生み出すのではなく、グラフィカルに形そのものを表現する方法があります。

1つ目は「ヒストグラム」です。横軸にデータの階級、縦軸にその階級の範囲に当てはまるデータの個数を表すことで、データの分布状況を視覚的に認識できます。階級はグラフを作成する側に委ねられているので、同じデータでも違ったグラフが仕上がる可能性があります。

2つ目は「箱ひげ図」です。縦長の箱の上下にピンとひげのような線が生え、同じく分布状況を視覚的に認識できます。データを小さい順番に並べ、最小値、25%地点、真ん中（中央値）、75%地点、最大値にそれぞれ数値を表します。

代表的な見方としては、ヒストグラムは中心からどれくらい散らばっているかなどが、箱ヒゲ図は25%から75%の中でどれくらいの幅を占めているかなどがありますが、とくに決まったルールはありません［15］。

[15] ヒストグラムと箱ひげ図

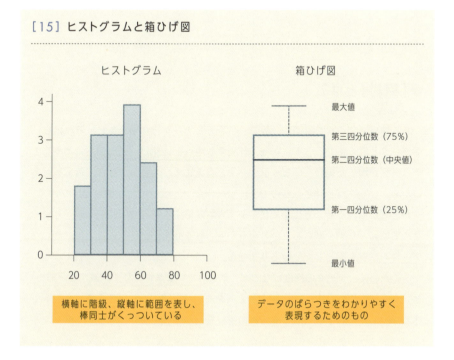

SECTION 11：サイエンス手法②

似たものを1つに
まとめる「縮約」

大量のデータを扱う場合は、「縮約」という手法を用いて、
データ全体を理解しやすい形にする必要があります。
縮約の手法である「主成分分析」と「因子分析」は似ていますが、
どのような理由で使うかによって異なります。

変数1	変数2	変数3	変数4	変数5	変数6	変数7	変数8
				列		行	

縮約1	縮約2	縮約3

◆「縮約」とは？

　ある地点のデータを計測し、数万、数千万とデータ行が増えると、それはビッグデータと言えるでしょう。また、計測する地点を1箇所から1万箇所に増やしてデータ列が増えた場合も、ビッグデータと言えます。今までに比べて行も列も多いため、ビッグだと評されるのです。

　行と列が増えると、とにかく量が多すぎて理解するだけでも時間がかかります。せめて似通った列を減らしたいと思うかもしれませんが、それによって計測したデータの精度を落としたくはありません。

　そのために、データの精度はなるべく落とさないままで、列を削減する「縮約」という手法を用います。縮約によって列を一気に削減し、およそ人間でも理解できるボリュームにすることで、分析の道筋を付けられるようになります。

◆より少ない列に縮約する主成分分析

縮約の手法の1つに、「主成分分析」があります。たくさんある列を精査し、関係がありそうな列をなるべく1つにまとめ、それぞれがほとんど関係しなさそうな列のみに縮約する方法です。

たとえば、5教科のテスト成績を良し悪しの全体評価・文理タイプの2軸にまとめてしまえば、「数学はできて〜、でも英語はダメで〜」と個別に見なくとも、生徒の成績評価を「良・文系寄り」「悪・理系寄り」などと単純に評価することができるようになります[16]。

デメリットは、たとえば関係がありそうな5列を1列にまとめてしまうことで、その中でも関係がなかったデータまで切り捨ててしまう可能性があることです。理科は苦手で数学が得意な生徒がいたとしても、無視されてしまう可能性があります。縮約はあくまでも全体の傾向を見るものであり、細かい点は異なると考えればよいかもしれません。

主成分分析によって数列にまとめられた際、元の列の情報がどれだけ欠落しているかを確認することができるので、それを踏まえて何らかの判断が可能になります。

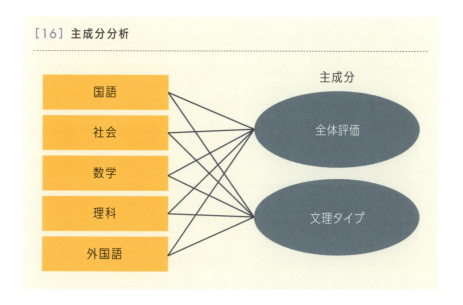

[16] 主成分分析

◆計測できていないデータを見る因子分析

縮約の手法には、主成分分析のほかに、「因子分析」という手法があります。たくさんある列を精査して、隠されている因子（ある結果を引き起こす元となる要素）を求める方法です。

因子分析は、「知能」という目には見えず、直接測れない概念を研究する中から生まれた分析手法です。知能があるなら試験などの結果として現れると仮定し、さまざまな事象から概念を推定するしかないと考えたのです。

たとえば、SNSをやっている理由のアンケート結果に3つの背景が浮かんだ場合、いろいろな項目に目を配るよりも、「ただボケーっと見たい」という受動的姿勢のひと言でまとめることができれば、分析が楽になります[17]。

因子名は、分析者の独断と偏見によって勝手に名付けられます。少しセンスが問われるため、中には因子分析が苦手という人もいます。

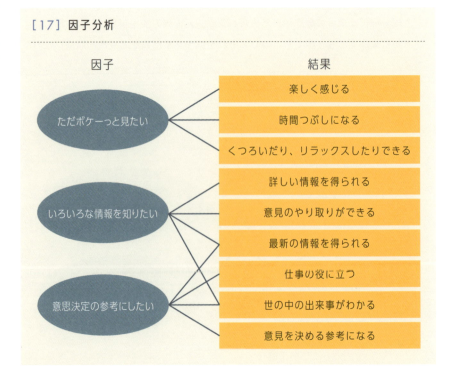

[17] 因子分析

◆「どちらを使うべきか?」宗教論争

　主成分分析と因子分析のどちらもデータの縮約を行っているため、どちらを使うべきかという論争がしばしば起こります。これは宗教論争と揶揄されることもあります。
　主成分分析は、複数列あるデータを「主成分」としてまとめます。どれくらい圧縮できるかにこだわっているととらえればよいでしょう。一方、因子分析は、複数列あるデータの潜在的な「因子」を発見しようとします。アンケートの結果から背景を理解するための新たな「ものさし」を作っているととらえればよいでしょう。
　つまり、あるデータがあったとして、そのデータを結果とみなして背景にある原因を知りたいのであれば因子分析を使います。反対に、そのデータを使いたいけれど、もうちょっとコンパクトにまとめたいのであれば主成分分析を使います。
　手法自体はどちらも似ていますが、使う理由によって異なってくるため、本来であれば混じり合わないはずなのです[18]。

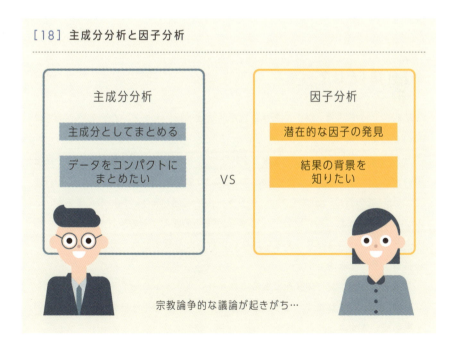

[18] 主成分分析と因子分析

SECTION 12:サイエンス手法③

PART2 データサイエンスビジネスを牽引する力の付け方

同類を発見し
まとめる「分類」

データの傾向を把握し、分析するための道筋を立てるには
「分類」が欠かせません。
分類方法には、関係がありそうなデータをまとめる「クラスタリング」や、
ルールに基づいて分類される「クラス分類」などがあります。

変数1	変数2	変数3
	列	
	行	

変数1	変数2	変数3	変数4
			1
			2
			1

◆「分類」とは？

　縮約によって「列」がまとまりました。次は「行」もまとめたいと思うのではないでしょうか。

　行をまとめるためには、データをグループごとに分ける「分類」という手法を用います。縮約は列を削減する手法ですが、分類は逆に列を追加して「この行は○○系」「この行は○○タイプ」というラベルを追加します。列は増えますが、このラベルを見れば、その行がどういう傾向があるのかおよその検討が付きます。行の中身を一つ一つ見たり、あるいは要約を行ったりせずとも、分析の道筋を付けられるようになるのです。

　ディープラーニングの源流でもあるニューラルネットワークや単純パーセプトロンは分類に含まれます。こうした背景もあって、分類手法は近年ますます注目を集めています。

074

◆データを何種類かに分けるクラスタリング

分類の手法の1つに、「クラスタリング」があります。clusterとは群れ、グループという意味です。データをいくつかのグループに分類する基準を決め、たくさんある行を精査して、関係がありそうな行を同じグループにまとめる方法です。

たとえば下の図[19]のように、10個あるボール（行）を、データの特徴から「2つのグループに分けよう」と決めれば、AかBで分けることができ、「3つのグループに分けよう」と決めれば、3つの色に分けることができます。

クラスタリングは、これが正解というあるべき姿は決まっていません。2つに分けると決めれば、2つのclusterがロジックに則って決まりますが、2つが正解か3つが正解かはクラスタリングという手法では決められません。ただし、何個に分ければよいかを手助けするロジックはあります。

[19] クラスタリング

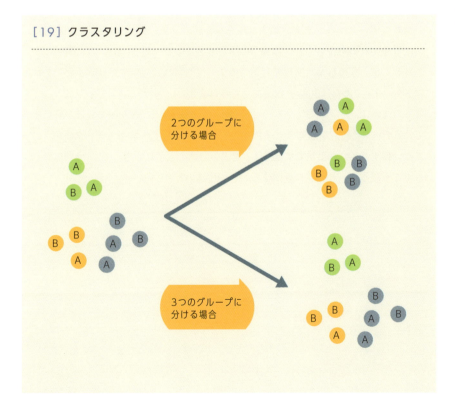

◆新たなデータを分けるクラス分類

　分類の手法には、クラスタリングのほかに、「クラス分類」という手法があります。クラスタリングと同じく「クラス」という言葉が含まれていますが、こちらはclassであり、分野や類という意味です。クラスタリングと違い、グループの数がどういう理由で振り分けられるのかが決まっており、そのルールに基づいてグループにまとめる方法です。

　クラス分類には、さまざまな手法があります。

　たとえば、乾電池を2個使う懐中電灯を何年使い続けると電池切れになるかを集計したとします。集計の結果、右図[20]のように、だいたい4年ぐらいは使えて、それ以降は電池切れの確率が高くなるという結果が出ました。では、4年半の時点で電池切れが起こる可能性は何％になるでしょうか？　それを知るのがクラス分類の手法の1つである「ロジスティック回帰」です。

　今あるデータから、まず分類するルールを決めます。3年半から4年半の約1年間は電池切れの場合もあれば稼働中の場合もあるので、そこは0から1に瞬時に切り替わらず、なめらかな曲線で分類します。電池切れの可能性が3年9ヶ月であれば30％、4年であれば50％と仮説を立てられます。

　そのほかに、「k近傍法」という手法があります。すでにグループ分けが終わっているデータに新たな未知のデータを追加した場合に、近くにあるデータのグループに分類するという手法です[21]。過去の分類を上手に活用して、「今回もおそらくこうだろう」と瞬時に判断するための手法の1つです。

[20] ロジスティック回帰

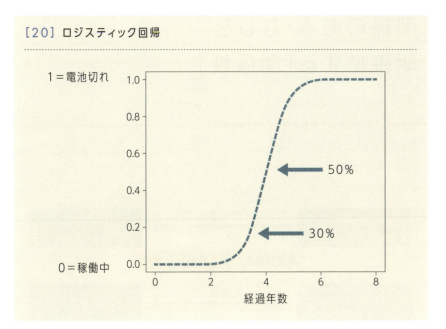

[21] k近傍法

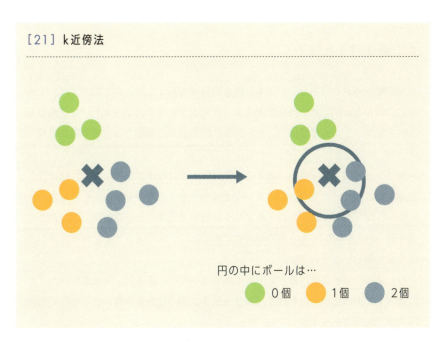

SECTION 13：サイエンス手法④

関係のある・なしを明確にする「関係性」

データ分析では、行同士に関係性があるのかどうかを確かめることで、
結果としてもたらされた影響を測ることができます。
関係性の手法には「散布図」の作成と、
「回帰分析」があります。

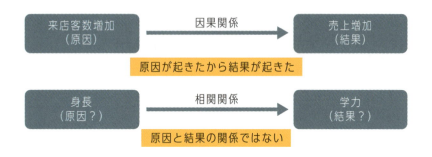

◆「関係性」とは？

　なぜビジネスの現場で、データ分析を行うのでしょうか。突き詰めて考えてみると、何かを証明したいからだと考えることができます。マーケティング施策や天候・気温などの外部要因が、売上結果に関係があるかどうかを知るのは重要です。

　そこで、列同士の関係を確認する「関係性」という手法を用います。関係性を把握すれば、マーケティング施策が売上にもたらした影響を測ることができます。ただし、関係性は、片方が増えるともう片方が変化するという相関関係はわかりますが、片方が原因でもう片方が結果であるという因果関係までを証明することは非常に難しいとされます。

　たとえば、身長が伸びると学力も上がるという例を取ると、身長が伸びたことによって学力が上がったわけではありません。学力は身長のおかげではないため、因果関係とは言えません。

◆2つのデータの関係性を表現する散布図

関係性の手法の1つに、「散布図」の作成があります。2つのデータがあった場合に、1列目のデータをx軸、2列目のデータをy軸に描画したものを散布図と言います。

たとえば、「ある店舗の来店頻度は年齢に関係するのではないか」という仮説を証明するために、店舗が発行するスタンプカードのデータから、年齢と来店頻度のデータを作成し、散布図を作成したとします。その結果、点が右肩上がりになっていることがわかります[22]。

このグラフは、年齢が上がるほど来店頻度は高まっている相関関係にあると言えます。もちろんすべてのデータが均一に同じ値分だけ高まっているわけではありませんが、「だいたいそうだ」とわかるだけで十分なのです。ちなみに散布図は、Excelなどの表計算ツールでもすぐに作成できるグラフです。

2列のデータに似たような傾向が見えなければグラフは横ばいになり、相関関係が無いとわかります。散布図は2列のデータの関係性を理解するのにうってつけなのです。

[22] 散布図の作成

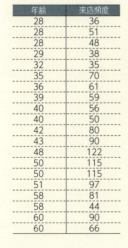
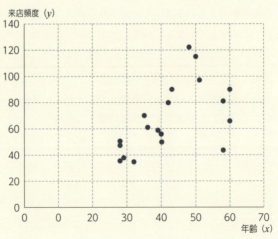

◆関係性を明らかにする回帰分析

関係性の手法には、散布図のほかに、「回帰分析」という手法があります。ある列の変動を別の列の変動によって説明するための手法です。

回帰分析の中でもっともポピュラーな手法が「単回帰分析」です。Excelなどの表計算ツールでも、散布図を作成したのちに、$y=ax+b$で求められる直線を引いて求めることが可能です[23]。xが横軸、yが縦軸です。xが増減すれば、重み付け（数式の中のaにあたる）の計算がされたあとに、yの値が求まるのが単回帰分析の特徴です。

さらに、今あるデータから$y=ax+b$の計算式（$y=3x+7$など、aとbが明らかになっている式）が求まると、仮にxが2だったならyはいくらになるかという予測を立てられるのが回帰分析の特徴です。

ちなみに回帰分析は、散布図上に描画された点と回帰直線との距離（誤差）がもっとも少なくなるように求まります。すべてのデータの誤差を見るので、たとえば1行だけ傾向の違ったデータが含まれると、そのデータに引きずられてそのほかのデータの誤差は大きくなってしまいます。もちろんaとbのそれぞれの値も大きく変わります。1行加わるだけで、分析結果は変わってしまうのです。

単回帰分析は列が1つだけでyを求めようとしていますが、実際のビジネスの現場では複数のマーケティング施策、天候や気温といった外部要因など、さまざまな影響が考えられます。そのような場合は、複数のxでyを求める「重回帰分析」という手法を用います[24]。

ただし重回帰分析は、複数のxがそれぞれほかのxには影響を与えないという前提にあります。たとえば、自社のマーケティング施策を実施した際に、競合が動き方を変えて自社の売上に影響を与えているとなると、結果的に正しいyは求められません。この現象を「多重共線性（通称マルチコ）」と呼びます。

[23] 単回帰分析

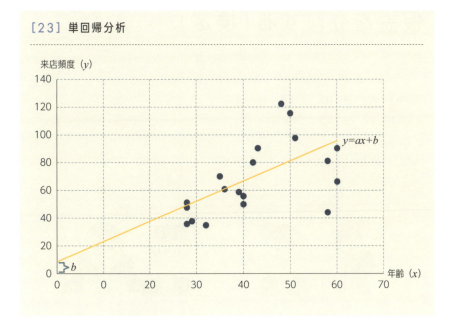

[24] 重回帰分析

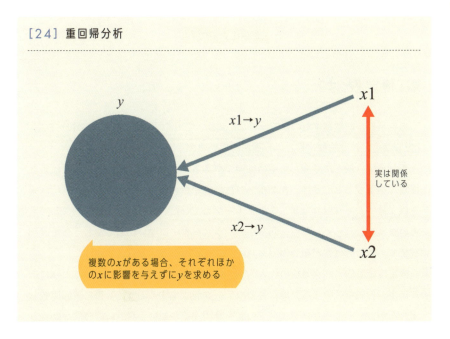

複数のxがある場合、それぞれほかのxに影響を与えずにyを求める

SECTION 14:サイエンス手法⑤

仮説を立証する「検定」

PART2 データサイエンスビジネスを牽引する力の付け方

ある事象に対して得られたデータが
事実であるかどうかを判断するために、
まずは仮説を立て、
「検定」という作業を行います。

◆「検定」とは？

　ある事象が偶然起きたのかそうでないのか、それを明らかにするために「検定」（仮説検定、統計的検定）という手法を用います。
　たとえば、新たに開発した薬には効果がある（＝偶然ではない）という仮説を検定で検証するとします。Aグループには薬を飲んでもらい、Bグループには薬を飲ませず、それ以外はどちらのグループもだいたい同じことをして過ごしてもらいます。しばらくしたら、何らかのパラメーターに違いがあるかどうかを計測します。統計的に差があるのであれば「偶然ではない」と言えます。
　検定は確証的データ分析の代表的手法であり、探索的データ分析とは対極にあります。仮説を証明するために必要なデータを収集するので、収集に時間は要しませんが、どのようなロジックで仮説を証明するかという設計には時間がかかり

ます。設計を間違えれば一からデータを収集しなければならず、大きな手間がかかります。データを見なければ仮説が浮かばない可能性もあるので、「答えありきでデータを収集している」という批判もあります。

◆帰無仮説と対立仮説

　検定は建て付けがややこしく、とくに「帰無仮説」と「対立仮説」という概念がややこしいので、初心者が挫折する領域として知られています。あらためて整理しておきましょう。

　数学の背理法で考えると理解しやすいかもしれません。「犬は動物である」と主張したいとき、「犬は動物ではない」という正反対の仮定に立って考えます。仮定の矛盾を見つけて否定することで、結果的に「犬は動物である」という主張が証明されるのです[25]。

　検定の場合、「犬は動物である」という仮説を対立仮説、立てられた仮説とは反対の「犬は動物ではない」という仮説を帰無仮説と言います。収集したデータから「もし帰無仮説が正しいなら、今回取得できたデータが得られる確率はどのぐらいか？」を計算します。この計算が「仮説の矛盾を見つけ、否定する方法」に

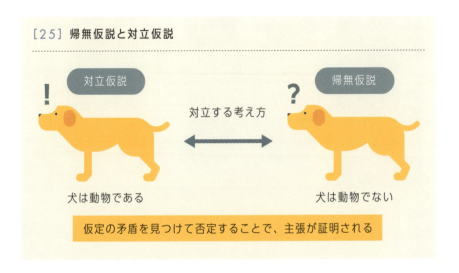

[25] 帰無仮説と対立仮説

該当します。水準未満であれば帰無仮説は誤りと判断され、対立仮説が採用されます。これを「帰無仮説を棄却した」と表現します[26]。

難しいのは、水準は1%や5%などが一般的ですが、これはあくまでも主観にすぎず、共通で〇%未満と決まっていない点です。そのため、「4%なら対立仮説を採用して、6%なら帰無仮説を採用する」といった場合は、「その2%の差は何?」と疑問を呈されてしまうのです。

加えて、帰無仮説を誤りと判断できなかったとしても、帰無仮説が正しいと証明できたわけではありません。「犬は動物ではない」という仮説が否定できないからといって、犬は動物ではないと証明できたわけではないのです。

こうした曖昧さや建て付けの難しさが、探索的データ分析が生まれた背景の1つの要因かもしれません。

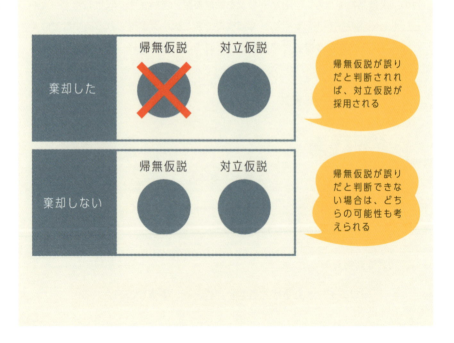

[26] 帰無仮説の棄却

◆第一種過誤と第二種過誤

　データを収集したといっても、データのすべてではないので、状況によっては「全体を表現していないデータ群」が手元にある可能性があります。そのデータで検定を行うと、第一種過誤（偽陽性）と第二種過誤（偽陰性）を起こす可能性があります。

　帰無仮説が本当は正しいのに棄却してしまう（一般市民を冤罪で逮捕）ことを第一種過誤、対立仮説が本当は正しいのに帰無仮説を採用してしまう（真犯人を取り逃がす）ことを第二種過誤と考えればよいでしょう[27]。ちなみに、偽陽性と偽陰性が発生する確率を両方下げることはできません。どちらかを下げればどちらかが上がります。

　検定を行う際にここまで考慮して結論を導き出さなければならない点が、より一層の「難しさ」「煩わしさ」を感じさせる要因かもしれません。

[27] 第一種過誤と第二種過誤

SECTION 15：サイエンスその他の手法①

時間の経過に沿って見る「時系列データ」

ビジネスの現場におけるデータには周期性があります。
データにはさまざまな種類があるため、
自分が行いたい分析が適用できるかどうかを
把握しておく必要があります。

日	A	B	C	D
7/19				
7/20				横断面データ
7/21				
7/22		時系列データ		パネルデータ

◆ 横断面データ、時系列データ、パネルデータ

データの種類は、横断面データ、時系列データ、両者の特徴を兼ね備えたパネルデータの大きく3つに分かれます。

横断面データとは、ある時点において、複数の対象を横断して集めたデータを指します。たとえば、あるクラスのX月Y日における全員の身長、ある会社のZ年X月における事業ごとの売上など、ある時間軸1点における複数項目のデータを意味します。

時系列データとは、時間の経過に沿って、1つの項目について集めたデータを指します。たとえば、ある学校に在籍するAさんの1年ごとの身長、ある会社のB事業部の1ヶ月ごとの売上など、ある項目1点における時間軸のデータを意味します。

そしてパネルデータは、横断面データと時系列データを重ねたデータで、複数の項目と時間軸で構成されています。データの種類に応じて分析できる内容は変わります。横断面データで時系列データは分析できません。分析の前に、自分がやりたい分析が横断面データで可能かどうかを知っておいたほうがよいでしょう。

◆時系列データに隠された規則

毎週金曜日と土曜日は混む、第四水曜日は売上が伸びるなど、ビジネスの現場におけるデータは、大半が時系列データで占められています。

ビジネスの現場には、一定の間隔で繰り返される何らかの周期性があります。冬の寒さの影響、ビジネスマンが稼働していない土日の影響など、売上や人数の増減による影響が数字にそのまま反映されます。そうした周期性の影響を理解したうえでデータ分析を実施しなければ、「夏はアイスがよく売れます」といった当たり前の答えしか得られません。

時系列データは、傾向変動（長期的な波動）、循環変動（周期の確定していない中長期的な波動）、季節変動（1年を周期とする波動）、不規則変動の4種類に分類できます。つまり時系列データは、長・中・短期要因、外部要因など、さまざまな事象が重なって作られたミルフィーユのようなデータだと言えます[28]。

[28] 時系列データはミルフィーユ構造のようなデータ

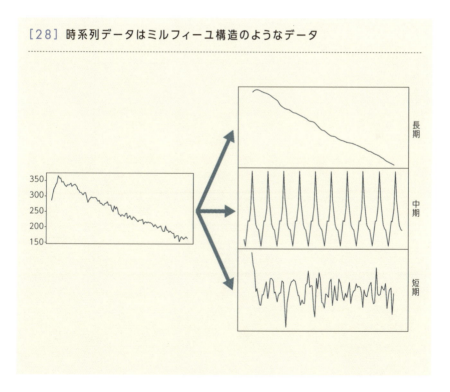

◆「見せかけの回帰」に気を付ける

　中長期的なトレンドの中には、自社だけでなく業界全体、あるいは産業全体が影響を受けるものも含まれます。自社と業界が異なるA社の売上を分析して、「相関がありそうだ」とわかったとしても、実際は陰に隠れたトレンド（景気が悪いなど）が影響しているだけで実際には何ら関係がないのです。

　時系列データを用いた回帰分析において、双方があたかも関係していそうに見える現象を「見せかけの回帰」と言います[29]。見せかけの回帰同士の分析を避けるために、時系列データが定常かどうかを判別する「単位根検定」や、一時点前のデータとの差を取った「差分系列」などさまざまな回避策があります。本書では詳しい説明は省きますが、時系列データに限って言えば、「データがあるから大丈夫」とは限らない点だけ留意してください。

[29] 見せかけの回帰

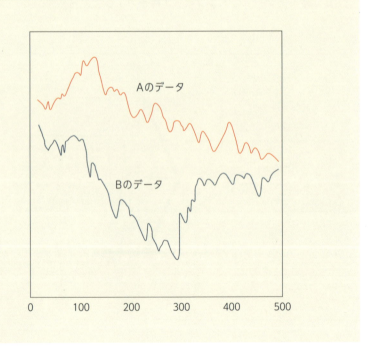

◆時系列データ分析のための手法

時系列データは非常に奥が深く、試し甲斐があります。その中でもExcelを使ってすぐに試せる「移動平均法」をここで紹介します。

たとえば日単位のデータがあったとして、1週間分の平均値を測ったとします。次は1日分ズラして1週間分の平均値を測り、その次も1日分ズラして1週間分の平均値を測り…という作業を繰り返し行います。これを「7日間移動平均法」と呼びます[30]。

移動平均法では、平均値を求める期間内におけるトレンドの影響を取り除きます。そのため、総合的に見て上昇あるいは下降傾向にあるのかを確認することができます。仮に1ヶ月単位のデータがあったとして、12月分の移動平均を測れば、季節要因などが取り除けます。

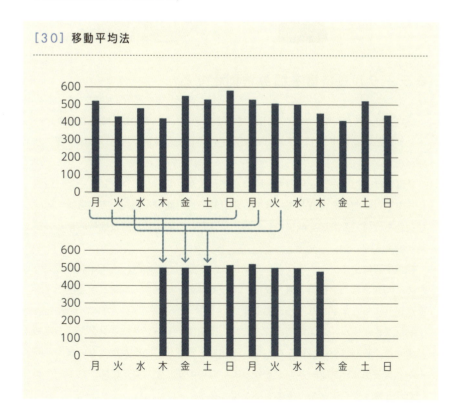

[30] 移動平均法

SECTION 16：サイエンスその他の手法②

データの傾向から予測を行う「機械学習」

近年、機械学習やディープラーニングの
技術が飛躍的に向上し、
優れた成果を上げています。
ここではそれぞれの特徴について見ていきます。

◆ データから特徴を掴み法則化する

　プログラムを使って一つ一つに指示を出さずとも、データの傾向から機械がルールや判断基準を抽出して、アルゴリズム化してしまう学習手法を<u>機械学習</u>と呼びます。

　統計学は主にデータを使った証明に主眼が置かれており、コンピューターの無かった数百年前から存在しています。手計算でも可能でした。一方で機械学習は、最初から機械での実装を前提にしており、歴史も1950年代以降と比較的新しい技術と言えます。

　機械学習は主にデータを使った予測に主眼が置かれており、人工知能の開発のために開発された手法群と言えます。現在ではディープラーニングが主流ですが、それ以外にもさまざまな手法があります。

　話は逸れますが、人工知能を作るための技術はディープラーニングだけではありません。それ以外の技術を使って人工知能を研究している人たちもいます。彼らが「なぜディープラーニングを使っていないのかとマスコミに聞かれる」と嘆いたことは、ここで記録しておくべきでしょう。

◆教師あり学習、教師なし学習

さまざまなアルゴリズムがありますが、まずは教師あり学習・教師なし学習を理解しておきましょう。

教師あり学習とは、あるデータから学習した傾向を、新たに追加されたデータに適用して答えを求めるアルゴリズムです。「手元にあるデータで作った金型」に対して、新たなデータは今までと同じと考えれば、金型にある程度は収まるはずです。

一方で教師なし学習とは、データのさまざまな特徴から本質的な構造を抽出するアルゴリズムです。データの見た目や規則性から、「特徴」を新たに生成してくれます。

両者の違いは、正解（＝教師）が提示されているか否かにあります。教師あり学習は、「金型」に当てはめて予測していくという考え方ですが、教師なし学習は、事前に作られた「金型」という概念がなく、それに照らして新たな答えを求めるという考え方ではありません[31]。

[31] 教師あり学習と教師なし学習

◆ディープラーニングとは？

ディープラーニングとは、従来は人間が与えていた特微量（特徴）を自ら探す学習法です。

たとえば、画像に書かれた手書き数字の「8」を、ディープラーニングを使って「8」だと言い当てる場合、まずは画像を縦×横で細かく分解していきます。最初は部分的な特徴のみを抽出していますが、層が深くなるにつれて全体が見えるようになり、少しずつ「何が写っているのか」がわかるようになります。最終的には「8ではないか？」という答えが提示されます[32]。

もちろん、まったく何も学習していない状態では「8」と判断することはできません。事前に無数の「8」という画像を学習させた「金型」だからこそ、「8」だと言い当てられたのです。ちなみにディープラーニングは、抽出したデータからもっとも近いと思われる答えを提示します。前述の手書き数字の例で言えば、「3」も答えに近い数字と言えるため、確率が上がる可能性があります。

[32] ディープラーニングによる手書き数字の認識

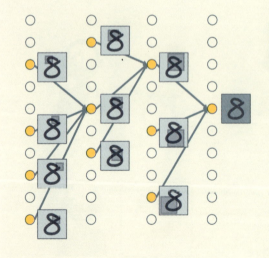

数字	確率
0	0.00
1	0.00
2	0.00
3	0.09
4	0.00
5	0.00
6	0.00
7	0.00
8	0.90
9	0.00

◆ディープラーニングの特徴

ディープラーニングは、入力層、出力層の間に中間層と呼ばれる何層にも重なった層があるのが特徴です[33]。

教師あり学習は「手元にあるデータで作った金型」と表現しました。何百、何千種類にもおよぶ数字が書かれたデータを金型に何度も流して、入力〜中間層をそのデータでガチガチに固めます。パチンコをイメージしてください。上から玉が落ちると、右に行ったり左に行ったり、釘に当たる角度が少し違うだけで異なる方向に飛びます。ディープラーニングもそれと同じで、1のときと2のときで、最終的な出力層である1か2に玉が届くよう、入力された値によって微妙に玉が飛ぶ角度が異なるように調整されているのです。

ただし、事前に用意された内容でしか対応できません。たとえば、1ではなく人の顔を入力値にしても、決められたルールに従って玉が飛び、出力層のいずれかが反応します。非常に賢いようで、実は判断力に欠けているようにも思えます。

[33] 入力層、中間層、出力層

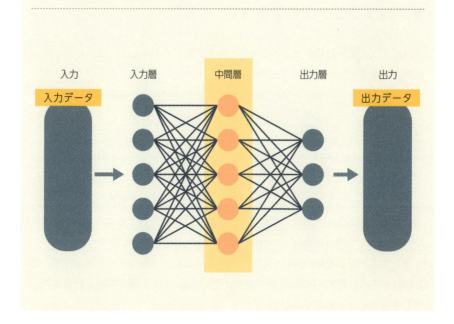

SECTION 17：エンジニアの視点

プログラミングで実装する

データサイエンスで使われるデータを実際に動かすためには、
プログラミングやクラウドが欠かせません。
中でもExcelは十分な機能を実装しており、
データサイエンティストの中でも高い評価を得ています。

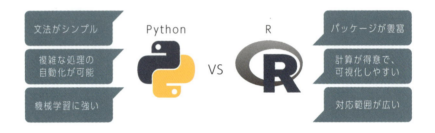

◆ プログラミングの定番は？

　SECTION 10〜16にかけて、さまざまな手法を紹介しました。これらの手法を実際に動かす方法の1つに、RやPythonといったオープンソースのフリーソフトウェアであるプログラミング言語が挙げられます。どちらの言語もこれまで紹介してきた手法が使えますが、強いて言うのであれば、Pythonのほうが機械学習に強いでしょう。

　RはPythonに比べて計算が得意で、統計学のアルゴリズムへの対応範囲が広く、可視化もしやすいのが特徴です。一方で、PythonはRのようにデータ分析に特化していません。その代わりに、システムに組み込んで複雑な処理を自動化できるのが特徴です。研究のために力を入れてデータ分析するならR、サービスの一機能として組み込むならPythonだと考えればよいかもしれません。

　少しでもデータ分析について知っておきたいなら、とっつきやすさという点でRをおすすめします。Pythonはプログラミング感が強く、環境構築だけで苦戦してしまう可能性があるからです。

◆データ分析のためのツール群

　プログラミング言語が苦手な場合は、GUIベースで操作ができる分析のためのソフトウェアツールを利用するとよいでしょう。代表的なソフトウェアツールとして、SASやSPSSが挙げられます。

　SASとSPSSのどちらも、1960年代に開発されたソフトウェアです。個人のパソコンが無い時代、主に汎用機向けの統計解析パッケージとして販売され、それ以降数十年の歴史を持っています。大学や大企業での導入実績も豊富にあり、このツールの出力結果自体に不具合が出ることはまず無いと考えられます。

　ただし、どちらもそれなりの価格になります。費用を抑えたい、手っ取り早く始めたいという場合は、よく使われているExcelに内蔵されたデータ分析機能を利用するとよいでしょう。ヒストグラム、回帰分析、検定など、一定の手法が揃っており、多くのデータサイエンティストもまた、「まずはExcelのデータ分析機能が使えれば十分」と主張しています。筆者もその一人で、これらの機能が使えずに有償ツールを導入しても、少し高スペックすぎる気がします[34]。

[34] Excelのデータ分析機能で十分

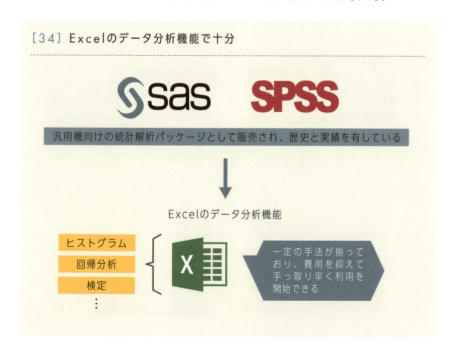

◆GUIベースはクラウドという選択肢も

　GUIベースで操作したい場合、ソフトウェアツールだけでなく、クラウドという選択肢も考えられます。

　クラウドコンピューティングプラットフォームとして知られるMicrosoft Azureの場合、「Machine Learning Studio」を使えば、ドラッグ＆ドロップによるビジュアル操作で、コードを書かずともすぐに分析できます。種々の制限が設けられてはいるものの、無料版もあるので、お試しで使いたい人にうってつけです[35]。

　クラウドにおけるデータサイエンスの充実ぶりは加速しています。現在、データサイエンティスト向け機能を充実させるべく、各社が積極的な取り組みを行っていますが、この先は「プログラミング不要」「GUIのみ」「初心者向け」が充実してくるかもしれません。それまでにクラウドに慣れておいたほうがよいと筆者は考えます。

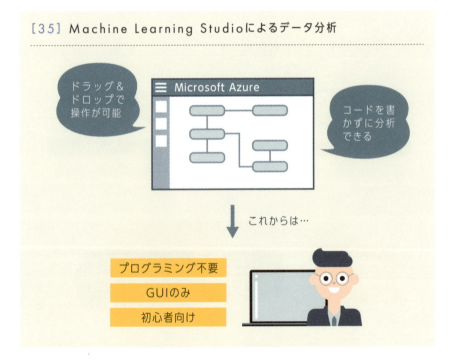

[35] Machine Learning Studioによるデータ分析

◆どれを使えばよいかわからない人のために

今回紹介したツールは、統計解析向けという方向性は同じですが、主に社内向けか、社外に公開するサービス・アプリ向けかに分かれると筆者は感じています[36]。データサイエンスビジネスを推進するにあたって、サービスに機械学習を組み込んで顧客満足度を高める施策の自動化を図るか、それとも統計学の観点を持ち込んでデータによる意思決定を加速させていくか、その目的によって用途は変わっていくでしょう。

データサイエンティストになるつもりはないけれど、せめて何をやっているのかを理解しておきたいのであれば、まずはExcelから始めましょう。「こんなものか」という感覚が掴めたら、次にRを使うことをおすすめします。「こんなものか」という感覚は非常に大事なことで、データサイエンスビジネスを過大評価してしまうのは内容をよく理解していないがゆえのことです。10時間でもよいので使ってみると、まったく違う職種のデータサイエンティストと多少なりとも会話できるようになるはずです。

[36] 用途によって使い方は変わる

SECTION 18:エンジニアの視点

分析結果を可視化する

PART2 データサイエンスビジネスを牽引する力の付け方

相手の要望に迅速に対応するためにも、
報告結果はデータで用意したほうが無難です。
分析・可視化できるBIツールが、
ビジネスパーソンの中で注目を集めています。

◆ 紙（＋パワポ）の報告はもう古い

　これまで分析の結果を可視化する際は、PowerPointやExcelを使い、それを印刷して持参する場合が多かったのですが、そのようなスタイルは時代遅れになりつつあります。

　たとえば、あるマーケティングの分析結果を月曜日から日曜日の1週間単位で報告したとします。そこで相手から、「弊社は日曜日が週の始まりだから日〜土で見たい」と言われたらどうしますか？　紙で印刷してしまっているため、「日〜土で再提出します」と言わざるを得ません。こうした事態を防ぐために、分析軸は報告者と事前にすり合わせておくべきかもしれませんが、結果を見て「そう言えば」と突然思い付く可能性もあるので、完全に防ぎ切ることはできません。

　少し極端な例に聞こえるかもしれませんが、分析の集計軸をその場で可変できるBI（ビジネス・インテリジェンス）ツールが不可欠です。

098

◆BIツールのメリットとは?

　近年、有償・無償を問わず、さまざまなBIツールが登場しています。ビジネスの現場がデータで溢れるようになり、データサイエンティスト以外の一般的なビジネスマンでも気軽に分析・可視化するためのツールとして注目を集めているのです。

　BIツールはさまざまありますが、中でも「Qlik Sense」「Microsoft Power BI」「Tableau」「MotionBoard」が非常に使いやすく、よく知られたツールです。それぞれに無料トライアルがありますが、使える機能に制限があるため、実際に使用してみて有償版への切り替えを行ってもよいかもしれません[37]。

　BIツールのメリットは、集計軸の変更やデータの絞り込みなど、通常であればSQLが必要な抽出・加工がBIツールの画面上で完結する点です。加えてExcelのようにグラフが一瞬で作成でき、かつPowerPointのように報告書も作成できます。その場ですぐ修正できるため、紙による報告を上回るメリットがあり、先ほどの例にあったように、「日～土で見たい」といったリクエストにも迅速な対応が可能です。現在さまざまな分析報告の現場でBIツールの導入が進んでいます。

[37] 使いやすいBIツール

	特徴	価格
Qlik Sense	セルフサービス型のBIツール。直感的な操作でデータを可視化したり分析したりできる。マルチデバイスに対応しているため、場所を問わず作業ができる。	Cloud Basic：無料 Cloud Business：$15／月 ※価格は1ユーザーあたり
Microsoft Power BI	セルフサービス型のBIツールで、ノンプログラミングでデータ分析が可能。各種データ処理のほか、可視化されたデータを組織で共有することができる。	Standard Edition：30,000円／月 Professional Edition：60,000円／月 IoT Edition：90,000円／月 ※価格は10ユーザーあたり
Tableau	低コストで導入できるノンプログラミングのBIツール。グラフなどの多彩な表現によって、誰もが理解しやすい形でデータを可視化し、共有することができる。	Tableau Creator：102,000円／年 Tableau Explorer：51,000円／年 Tableau Viewer：18,000円／年 ※価格は1ユーザーあたり
MotionBoard	データの可視化に加え、ビジネスの状況をリアルタイムに把握できる。専門知識が不要で直感的に操作でき、さまざまなチャートで表現できる。	Power BI Pro：$9.99／月 Power BI Premium：$4,995／月 ※価格は1ユーザーあたり

SECTION 19：ビジネスの視点

分析結果を
報告する

分析結果は、ただ伝えるだけでなく、
目的に対する結論を提示し、納得してもらわなければなりません。
相手に伝わるように、わかりやすい言葉で
説明する必要があります。

◆So what?（だから何?）

　分析の結果を報告する際に一番大切なのは何でしょうか。報告する相手の期待値を事前にコントロールする、内容を共有し「こんなはずじゃない」というちゃぶ台返しを防ぐ…さまざまあるかもしれません。しかし一番本質的なのは、報告する内容・構成をしっかり練って、納得感を与えることです。

　報告の現場でありがちなのは、分析を担った担当者がそのまま発表を担い、相手から「そんなのできない」「それは知っている」「だから何?」と言われることです。筆者も何度かそういった現場に遭遇していますが、問題はえてして報告する側にあります。分析結果を報告することのみに目が行って、最初に定義した目的に答えが届いていないのです。

　そうならないためには、分析結果を報告するタイミングで、データサイエンティストだけでなくビジネス側の人間も登場し、一緒になって「どのような報告をすべきか?」という協議が必要になるでしょう。

◆結論を考えるのは「ビジネス」側がよい

分析の報告を受ける側が知りたいのは、自分たちの「やりたいこと」に対して、やるべきかやめるべきかという結論です。突き詰めて考えれば、「こうすべし」という次の一手を知ることができれば十分だと言えます。データサイエンスビジネスにおける主な報告内容は、<u>分析自体の結果や詳細ではなく、当初に立てた目的に対する結論</u>です。分析はあくまで手段に過ぎないのです[38]。

分析の詳細なプロセスは、ビジネス側の人間もよくわからないかもしれません。しかし、分析の結果からどのような結論を提示するのかはビジネス側がしっかりロジックを練るべきです。データから次のビジネスの一手に飛躍させる必要があるため、ここは多少の工夫が必要になります。

ちなみに筆者の報告スタイルは、目的の確認、結論、理由（分析内容）、再び結論という四部構成です。

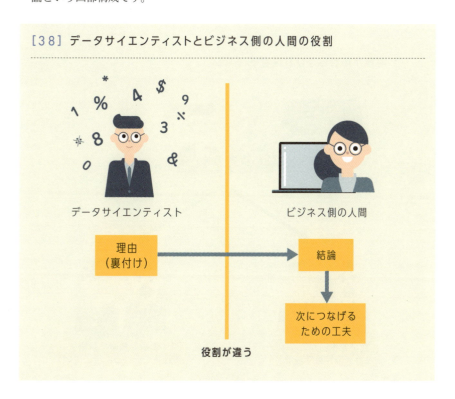

[38] データサイエンティストとビジネス側の人間の役割

◆相手に伝わる言葉を選ぶ

　分析の結果が必ずしも相手に受け入れられたり喜ばれたりするとは限りません。「理由は？」「裏付けは？」と詰め寄られる場合も少なからずあります。

　そうした場面が来てこそデータサイエンティストの出番になりますが（当人にとっては面倒かもしれませんが）、うまくコミュニケーションが取れる場面は少ないかもしれません。

　もともと分析内容自体がアカデミックなため、相手が好きでもない限り、そのままの内容を伝えてもまったくわからないのです。筆者も初めの頃は、「バカにしてるのか」と怒られた経験があります。

　分析のロジックや出てきた内容を、なるべくわかりやすい言葉に言い換えて相手に伝わるようにするのも、データサイエンティストの重要なスキルの1つです。見落とされがちですが、国語力もデータサイエンティストの必須要件かもしれません[39]。

[39] 内容が伝わらなければ意味がない

SECTION 19 分析結果を報告する

◆本当に「悪い人」はいない

　分析の報告を受ける側から詰め寄られたり、一緒に同行したビジネス側の人間にハシゴを外されたり、さまざまな人間ドラマが垣間見れるのが分析結果報告会議です。会議に参加した人たちを「全員悪人」だと感じた経験は一度や二度ではありません。

　しかし、本当に悪い人はデータサイエンスの力を借りず、独断と偏見で「これをやる！以上！」と決めてしまいます。悩んだり迷ったりするからこそデータサイエンスが必要なのです。

　このSECTIONで触れたように、報告を行う際は、結論が述べられているか、相手に伝わらない難解な言葉を使っていないかなどを振り返るようにしましょう [40]。データサイエンスを「ご神託」だと卑下している人も中にはいるかもしれませんが、データに基づくことで論拠あるご神託が出せるのです。「最高だろ！」と開き直って分析結果報告会議に出席してもよいのではないでしょうか。

[40] 報告の仕方を振り返る

報告の仕方を振り返ってみる

103

SECTION 20

データサイエンスの限界を知る

PART2 データサイエンスビジネスを牽引する力の付け方

分析に使うデータは、完璧なものではない
という意識を持つことが大切です。
あらゆる出来事は日々変化しています。
手元のデータが多ければよいというわけではありません。

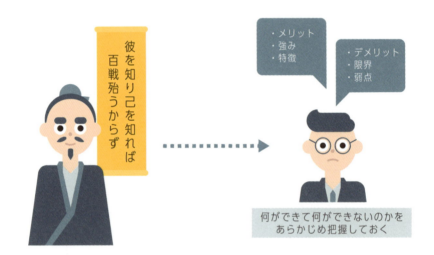

◆データサイエンスの限界を知っておく

　これまで、データサイエンスビジネスのメリット、強み、特徴などを説明してきましたが、最後にデメリット、限界、弱点に触れておきましょう。
　「彼を知り己を知れば百戦殆うからず」は孫子の中の一節で、ビジネス書などでよく取り上げられる言葉です。相手と自分の実情を正しく把握しておくことで、負けない戦い方ができるという意味のことわざです。データサイエンスにおいては、何ができないかを最初から知っていれば、あとから「できないなら最初から言ってよ！」と叱られる機会に遭遇することも避けられます。

◆「データにする」は完璧ではない

　SECTION 06でも少し触れたように、世の中のありとあらゆる事象を計測したとしても、曖昧で割り切れない現実をどこかで区切り、曖昧ではないデータに置き換えるということは、データで表現しきれなかった分は情報として抜け落ちてしまうことになります。つまり、そもそものデータ自体が完璧ではないことになります。

　今ある現実を再現するには、少し不完全なデータで分析に取り組んでいるという観点が欠かせません。現実との食い違いが生じた際に、真っ先に疑ってかかるべきは分析のために使ったデータです。データで表現できないということは、例外的な事象が常に生まれ得るということです。そのため、常にリスクヘッジできるような環境を整えておくことが重要なのです[41]。

[41] 完璧なデータは無い

データ化

データで表現できなかった分は、情報として抜け落ちてしまう

食い違いが生じたら…

リスクヘッジできるような環境を整えておく

◆「無いデータ」に対する想像はできない

データサイエンスは、「手元にあるデータ」を元にさまざまな手法を用いて結論を導き出します。言い換えれば、「手元に無いデータ」に対しては何ら考えがおよぶことはありません。

たとえば、今日の飲み会にAさんが参加していないのは、苦手なBさんが参加しているからだったとします。しかし、それを示すデータはありません。このように、無いデータから理由を想像するには、明示的にA=0と表現できるような、無いことを示すデータがあってこそ分析することができます。Aのデータが無ければ分析対象にすらならないのがデータサイエンスなのです。

データが"ある"のに状態としては"無い"。私たちは当たり前のように脳内で情報を置換することができます。たとえば下の図[42]のようなでたらめな文章を人間が理解できてしまうのは、脳内補完機能が優秀だからです。しかし、これと同じ状態をデータサイエンスの世界では現状作ることができません。

[42] 脳内置換による人間の理解

こんちには　みさなん　おんげき　ですか？
さいまごで　よくでんれて　ありとがう。
ないうよは　おろもしかっですたか？

↓ 脳内で置換

こんにちは　みなさん　おげんき　ですか？
さいごまで　よんでくれて　ありがとう。
ないようは　おもしろかったですか？

◆「データをとにかく集める」という思考の放棄

データサイエンスは、良くも悪くも「手元にあるデータ」がすべてです。したがって、「とにかくいろんなデータを大量に集めろ！」と号令をかける経営者も中にはいます。

たとえば、膨大な資金をつぎ込んであらゆる社会事象をすべて計測し、それらのデータを元に「どの株が値上がりするか？」という経済予測を立てたとしても、そこまで精度よく当たらないのではないかと筆者は考えています。なぜなら、日に日に新たなイベントが発生し、計測できていない領域が増えるにつれて、自然と精度が落ちてしまうからです。「不確実性」という言葉が以前に流行りましたが、新しいイベントが起きすぎて予測しようがないのです[43]。

どれほどいろんなデータを集めたとしても、分析の精度はある一定で飽和するのではないでしょうか。そんなことに時間を割くのであれば、最小コストかつ少ない労力でデータを集めて精度を上げる方法を考えたほうがよいでしょう。

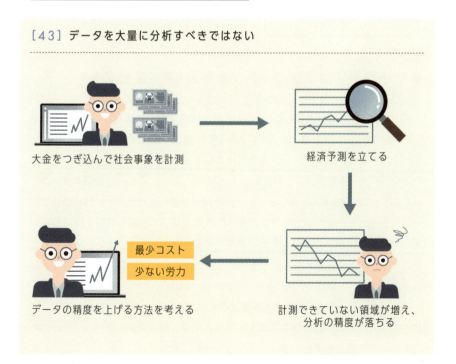

[43] データを大量に分析すべきではない

SECTION 21：データサイエンスビジネス事例

デジタルマーケティングにおけるAI導入

データサイエンスの理解が深まってきたと思いますが、
実際にどのように活用されているのでしょうか？
ここでは、デジタルマーケティングにおけるAI導入の事例を
見てみましょう。

◆ マーケティングプラットフォーム「アドエビス」

　2019年2月に電通が発表した「2018年 日本の広告費」によると、総広告費6兆5,300億円のうち、インターネット広告が1兆7,589億円を占めています。インターネット広告費は5年連続で2桁成長を続けている成長著しい産業です。

　インターネット広告は、そのほかのマス媒体と違って、「広告が何回クリックされたか？」「広告をクリックしたうち、何回商品が購入されたか？」がわかります。パソコンやスマートフォンのブラウザーの技術を使って、個人情報を特定しない形で計測する技術があるからです。費用対効果を改善しやすいインターネット広告は、中小企業も比較的参入しやすく、だからこそ市場が伸びているという一面もあります。

　そんなインターネット広告の効果測定市場においてトップシェアを誇るのが、株式会社イルグルムが提供する「アドエビス」です。導入実績は2019年8月時点の発表で10,000件を超えています。

◆面倒な分析作業がすぐに実行可能

　SECTION 03でも解説したように、分析は非常に手間がかかります。目的を定義したあと、データを計測して収集し、チェックしてから分析しなければなりません。分析前の段取りだけでも時間がかかってしまいます。

　アドエビスには、広告効果を測定する機能や、計測したデータを使って分析する機能が備わっているため、分析にかかる手間を大幅に削減できます。システムを導入するだけで、面倒な段取りをシステムが代わりに担ってくれるだけでなく、ある程度の分析フォーマットが用意されているため、それらを用いてすぐに結果の良し悪しを判断できます［４４］。

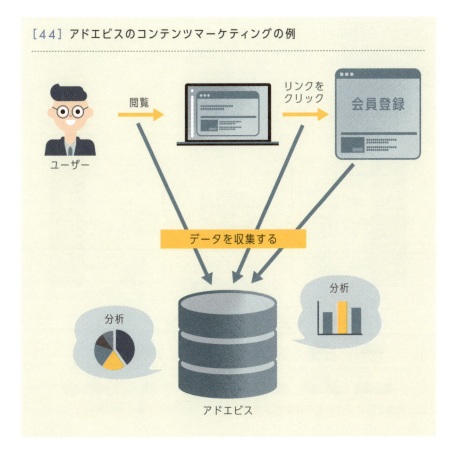

［44］アドエビスのコンテンツマーケティングの例

◆データを起点にさまざまなシステムと連携

　アドエビスのすごさは、インターネット広告に関するさまざまなデータがシステム上で一元管理されている点です。

　インターネット広告に関するデータの計測はアドエビスが担いますが、それ以外にも、連携先のさまざまなデータを取得可能です。そうしたデータを組み合わせることで、「広告をクリックしたのは男性が多い」、あるいは「平均年齢が高い」といった特徴を明らかにしていきます。アドエビスで計測したデータ以外も利用可能なところが、マーケティングプラットフォームと呼ばれる所以です。

　データの分析だけでなく、システム間で連携されている場合は活用もスムーズで、広告やメールマガジンの配信もシームレスです。計測〜蓄積〜分析〜活用までのすべてを機械が行ってくれると考えればよいかもしれません。アドエビスは、データ基盤統合から攻めのマーケティング施策まで実現してくれるシステムだと言えるでしょう[45]。

[45] データを取得して特徴を明示する

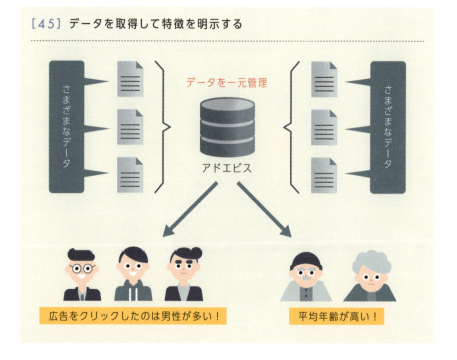

◆データサイエンスビジネスの難しさ

アドエビスは2004年から発売が開始され、2019年で16年目を迎えます。その間にiPhoneが発売され、世界に大きな影響をおよぼしました。今では1人で複数のデジタルデバイスを所持するのが当たり前の時代となっています。そのためか、効果測定はデバイス単位で行われるがゆえに、同一人物であっても別の人間が行動したように計測してしまうという問題が急浮上したのです。

そこで、アドエビスは年間120億以上の国内のアクセスログデータおよびサードパーティデータと独自開発のAIを使って、デバイスやブラウザーが違っても、同一ユーザーであることを類推する技術を開発しました[46]。

データサイエンスビジネスの難しさは、<u>外部要因によってデータの持つ意味が容易に変わってしまう</u>点です。たとえ大量にデータを保有していても、相対的に価値が下がれば一気に意味を失ってしまいます。計測技術も同様です。その意味においては、アドエビスは「スマートフォン」という大波をAIで乗り越えた稀有な例と言えるかもしれません。

[46] 同一ユーザーを判別する

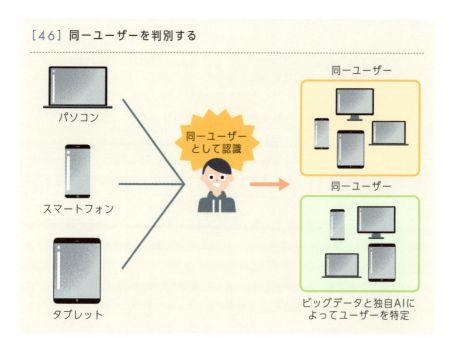

SECTION 22：データサイエンスビジネス事例

製造業における AI導入

ここでは、製造業におけるAI導入の成功事例を紹介していきます。AI導入においては、課題設定やデータ整備、PoCの実施など、導入前の工程がとても重要になります。

◆ 地方工場におけるAI導入事例

　地方にある自動車部品工場でAI導入が検討されていました。背景には、注文の増加に対応するため工場の稼働時間を延長する必要があるものの、商品の検品を行う作業員が足りていませんでした。この状況に対応するため、いくつかの方策が検討されましたが、どれも現実的なものではありませんでした。
案①：人員を増やす→地方工場なので採用が難しい
案②：ほかの部門から人材を転換→検品作業は経験が必要で育成に時間がかかる
案③：自動で検品できる設備を導入する→専用設備の導入は費用が高く、生産ラインの大幅な変更も必要
　そこで、「AIによる検品作業」という案が提示されました。しかし、過去に自社でAIを開発して分析したものの、一定以上の精度は出せませんでした。また、複雑な製造工程でどの部分が不良につながるかを発見できず、実用には至らないと判断されたのです。自社単独でAIの開発と導入を進めるのは難しいと判断して、外部の開発会社に依頼することになりました。

◆ビジネス課題の整理

　開発を委託されたベンダーは、まずビジネス上の課題について整理することから始めました。工場の稼働時間延長にともない、商品の検品作業が増える見込みですが、同社では人員を増やせず、大がかりな設備も導入できません。既存の生産ラインと人員をベースにしてこの問題を解決するには、人間の作業負担を軽減する必要がありました。

　AIを導入する際のメリットとして、以下のようなことが挙げられます。
①AIの画像認識技術により、人間に代わって不良品を見つけてくれる
②既存の設備にカメラを設置するため、生産ラインの大がかりな変更は不要
③専用設備の新規導入よりも少ない金額で実現できる可能性がある

　つまり、これまで人間が行っていた作業の一部をAIで肩代わりするイメージです。そうすれば、同じ人数でも工場の稼働時間を延長できます。

　しかし、AI導入によるリスクや懸念点もあります。
①精度が保証できない
②開発費用が変動する可能性がある
③継続的なデータの取得など、運用保守の手間がかかる

　単純に「AIを導入すれば人間の作業を減らせる」「コストが削減できる」とは限りません。そのため、同社ではPoCを3ヶ月間行って精度と費用を見積もり、導入効果を期待できれば本格的に開発を進めることにしました[47]。また、PoCの前にデータ準備に必要な調査期間を別途設け、データの前処理にかかる時間や費用も考慮する形にしました。

---

[47] AI導入の流れ

既存の生産ラインと人員をベースにする

人間の作業負担を減らす

PoCの実施

ビジネス上の課題を整理　　精度と費用を見積もる　　本格開発スタート！

◆データ整備とPoCの重要性

PoCを行うにあたって、データ整備と並行して業務知識の確認が必要です。製造業に限らず、専門的な知識を要求される業務でのAI開発は、業務知識の有無が精度や進捗に影響します。今回は開発側に業務知識が無いため、工場側がフォローを行ったり、業務知識が精度に影響しない部分を中心とした作業範囲を設定するなど、お互いが納得できる作業範囲を協議しました。

あわせて、データ整備においては、工場側は社内データを外部に持ち出せないため、エンジニアの常駐を希望しました。しかし、開発側は遠方を理由に常駐ではなく、外部に持ち出し可能なデータによるAI開発を提案しました。こうした社内セキュリティやデータの取り扱いなども両者間で協議する必要があります。そのうえで、データの量や質を確認し、予算と作業スケジュールを策定します。

データ整備と並行してPoCを実施しながら、検証を進めます。ここで、「どのような分析手法が有効か」「データの過不足は無いか」など、本開発へ進めるかどうかを検証しながら、試行錯誤を繰り返します。PoCを行うことによって、「継続して実用に耐えうるものが開発できるか？」を判断するのです。この段階で無理が生じた場合は、潔く開発を中止する判断も必要です。

精度や人員削減などの数値目標だけでなく、データの取り扱い、成果物の権利、導入後の支援なども開発前に協議しておきましょう。開発中にこういった問題が発生すると、本来の開発作業に集中できなくなるおそれがあります。また、必要に応じて、AIを導入してもすぐに成果が出ない点や、人員削減を目的としたAI導入ではないと明示するなど、社内で共通認識を持たせることが大切です［48］。

［48］認識にずれが生じないようにする

◆モデル開発とフィードバック

PoCによる検証結果をベースに、本格的なモデル開発へと進みます。モデル開発とは、AIが商品の不良品の有無を判別するルールを作る作業です。不良品の検知ならば、傷やへこみ、先端部の欠け、表面の汚れや色ムラなどが想定されるでしょう。

このようなルール作りのためには、アノテーションと呼ばれる、AIに不良品の特徴を教え込む作業が必要になります。一連の作業を繰り返すことでAIの精度が上がっていきます。

さらに、実務に耐えうる精度を持ったモデルの開発には、現場と一体になって進めることが重要です。現場の協力を得るため、同社では開発作業の進捗を社内に見える形で情報共有したり、導入の意味や目的を社内に広くアピールしたりしました。これは、ほかの社員や他部門がAI導入に対して非協力的にならないようにするための配慮です。現場でのAI導入活用に対する協力とフィードバックがなければ、AIの精度向上は見込めません。現場との協力関係を構築しながら、開発を進めていきましょう[49]。

[49] 開発にはフィードバックが欠かせない

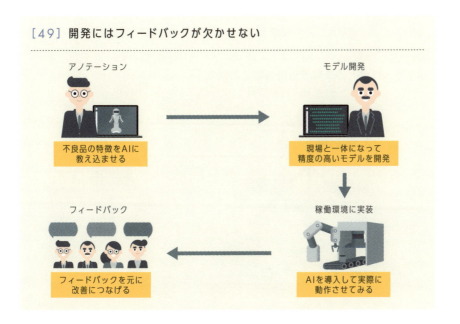

◆導入成果と今後の展開

　半年間のプロジェクトにおいて、これまですべて人間が目視で行っていた作業を、カメラによる画像認識とAIによる判断で補助し、一定の不良品を自動で判別できるようにしました。すべての不良品をAIで検知するには至っていませんが、生産ラインに必要な人数は減って、その分工場の稼働時間を長くすることができました。

　また、自社では実現できなかった実務レベルの精度を誇るAIが開発できたことで、人間が行っていた業務を補助できる範囲が広がりました。これにより、勘と経験に頼っていた他業務もAIで代替する方向で検討しています。

　人手不足が叫ばれる昨今において、採用と育成は今まで以上に難しくなり、ベテランの技術が途絶えてしまうおそれもあります。こうした問題をAIで解決するのも一つの方法ではないでしょうか。そのために、同社は今回実施したAI開発のノウハウを自社エンジニアに習得させて、さらなるAIの導入と活用を自社で進める体制を準備しています。

　自社開発が難しい処理面は外部の開発会社に委託していますが、今後は内製化の割合を高めていく予定です。あわせて、継続的なデータの取得やモデルの改善を行い、より完成度の高いAIを目指して開発を進めています［50］。

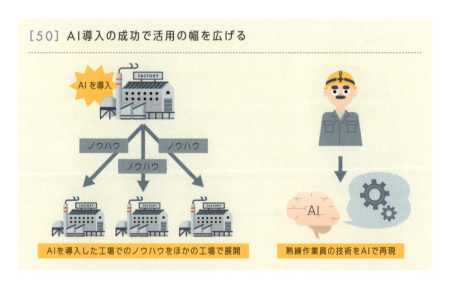

［50］AI導入の成功で活用の幅を広げる

◆なぜAI導入は成功したのか?

あらためて今回の成功要因を探ってみましょう。

①AI導入の目的が明確

「不良品の検知作業にかかる負担を減らす」という目的が明確でした。また、自社の強みや弱みを知っているユーザー側からの発案という点も、成功につながった要因と言えます。

②AIでできることを理解している

必ずしもAIが人間より正確な動作を行い、高い精度を誇るというわけではありません。今回は画像を認識して不良品を探すというAIが得意な作業を対象としたことで、成果が得られました。

③大量のデータが整備されている

必要なデータが蓄積されており、提供されたデータも少ない手間で開発に使える状態でした。「新たなデータの取得」「複数のデータベースを組み合わせて開発用データセットを作成」「データ取得における部門間の調整」など、本来の開発業務とは無関係な業務に取られる時間が少ないことも有利に働きました。

④予算とスケジュールの許容

一定額の予算とスケジュールが必要なことを認識しており、低予算かつ短期間で成果を出すことを強要しませんでした。データ整備やPoCなどの準備期間を含め、余裕を持ったプロジェクトになりました。

⑤期待値コントロールの成功

本事例では、依頼前に自社で試作に取り組むことで開発の難しさを認識しており、AIに対して過度な期待や誤解が少なかったこともよい方向に働きました。人間の作業をすべてAIで代替えする無謀な目標ではなく、人間の作業負担を減らすという現実的な期待値をコントロールできたことが、成功の要因とも言えます。

PART2のまとめ

［牽引する力を付けるのに近道は無い］

1　近道なんて無い

この本を手に取った人の中には、「データサイエンスビジネスについて2時間くらいでサクッと身に付かない?」と考えた人もいるかもしれませんが、まず無理です。2時間でわかる内容は、2時間ぐらいで役に立たなくなります。「かけた時間の分だけ、自分自身の中に経験と知識として残り、役立つだろう」と筆者は考えます。

学ぶのに近道なんてありません。強いて言えば、すべての道が遠回りであり、それが一番の近道であるということです。学ぶのが嫌なのであれば、最初からデータサイエンスビジネスに興味を持たないことです。

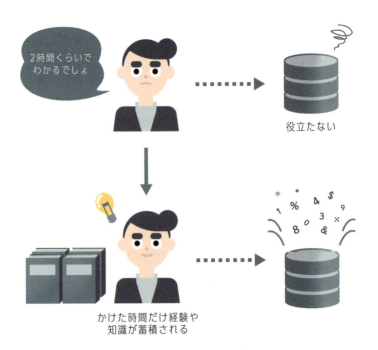

PART2では、データサイエンスを行ううえで必要な力や、具体的な手法や事例について解説してきました。ここでは、これまで学んできた内容の総括ではなく、考え方について触れておきます。

SUMMARY 牽引する力を付けるのに近道は無い

2 成果が出なくても焦らない

学んで得た知識や、踏んだ場数の分だけ得られた経験が増えたとしても、仕事を通じて成果が出ない時期はあります。スポーツ選手で言うところの「スランプ」です。

かけた時間の分だけ成果が出る人はほんのひと握りで、大半の人が「死の谷」と呼ばれる停滞期を迎えることでしょう。理想と現実のギャップに悩まされ、苦しんでしまうかもしれません。しかし、人生はRPG仕様ではありません。時間に比例してレベルは上がらないのです。世間で活躍する凄腕のエンジニアやデータサイエンティストでさえ「死の谷」を経験し、そして乗り越えています。

ビジネス、エンジニア、データサイエンティスト。どういう立ち位置にいても、成果が出ないからと言って、仕事を辞めたり変な自己啓発に手を染めたり、あらぬ方向に行かないことをおすすめします。

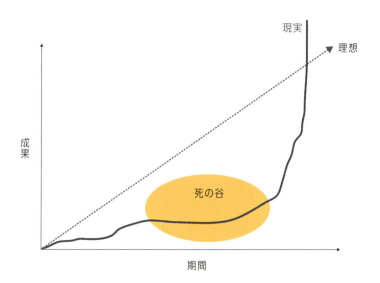

PART2のまとめ

3 定期的に勉強し続ける

データサイエンスの世界は日進月歩です。サイエンスの領域だけでなく、テクノロジーの手法でも「処理がより高速になる」「データをさらに大量に扱える」などの進化が止まりません。いつの間にか、今までやれなかったことができるようになる可能性も大いにあります。

したがって、新しい手法をキャッチアップできるよう、勉強会や講演会に参加したり、関係する本を読んだりして、定期的に勉強し続ける必要があるでしょう。そうして新たな技術や知識を学ばなければ、周囲から追い抜かれてしまうかもしれません。

筆者は1人で勉強するより、勉強会や講演会に参加して何となくの顔馴染みを増やすことをおすすめしています。知り合いが増えると、「1人じゃない」感がして精神的にも楽です。とくに社内に相談相手がいなくてストレスが溜まっている人は実践すべきです。

勉強会に参加

本を読む

講演会に行く

4 「異なる能力を持つチーム」へ

一連のSECTIONを通して、大半のビジネスマンは「これは1人じゃ無理だ！」と感じたのではないでしょうか。大半は目には見えないインターネットとパソコンで完結してしまうため、データサイエンスビジネスの領域は狭く見られがちです。実際のところ、ちゃんとしようと思うとやるべき仕事は膨大にあります。

ベンチャー企業では、もしかしたら大企業でさえも、たった1人のデータサイエンティストが膨大な仕事量に立ち向かっているかもしれません。しかし、頑張れば頑張るほど、周囲からは「なんだ、1人で十分じゃん」と誤解されてしまい、その結果、増員されることもなくなってしまいます。

1人でやれる仕事は限られている、と本書では主張します。チーム制に移行して、それぞれが得意な仕事に就いてこそデータサイエンスビジネスは凄まじいまでの力を発揮するのです。

SUMMARY　牽引する力を付けるのに近道は無い

チーム制にすることで、凄まじい力を発揮する！

| COLUMN | データサイエンスをめぐるトピック |

スゴイ人ほど
努力していた

　筆者 (松本) は、不定期ではありますが、IT系ニュースサイトである「ITmedia」にてAIに関する取材をさせていただいています。取材を通じてさまざまな立場の方にお会いして来ました。

　東京大学の松尾豊先生、駒澤大学の井上智洋先生、静岡大学の狩野芳伸先生、産業技術総合研究所の深山覚先生といったアカデミックな方々。田原総一朗さん、立憲民主党の初鹿明博衆議院議員、エコノミストの鈴木卓実さんといった政治・経済の方々。ほかにも、AIを活用していることで知られる、はま寿司やブレインパッドのエンジニアにも取材させていただきました。この本で共著を務めるマスクド・アナライズさんも、実は取材させていただいたお一人です。

　みなさんに共通するのは、ものすごく努力家で、惜しまず勉強されていて、何より前向きだという点です。「会社に言われて」「上司が言うから仕方なく」「AIって言えば金になる」というような方はいませんでした。

　第一線で活躍されている方々こそ、真面目にコツコツ努力されている。もしかしたら、努力されているからこそ第一線にいられるのかもしれません。因果はともかくとして、P.118のまとめに書いた「牽引する力を付けるのに近道は無い」という話は、まさに筆者自身の実体験によるものです。

PART

3

データサイエンスが
変えていくビジネスの在り方

SECTION 01：「仕事」の視点

「データ」の優先度が大きく上がる

分析にはデータが欠かせませんが、
ただ集めるだけでは意味がありません。
今後は日常生活のあらゆる場面から
データが収集されるかもしれません。

PART3　データサイエンスが変えていくビジネスの在り方

◆データを集めるだけでは意味がない

　日々の生活の中で、「ポイントカード（アプリ）はお持ちですか？」というワードを誰もが耳にしていると思います。コンビニ、飲食店、スーパー、ネット通販など、今やあらゆる場面で利用されていますが、なぜここまでしてポイントカードやアプリを使ってもらう必要があるのでしょうか。

　本人はポイントで気持ち程度に得をしますが、財布の中身を探したりアプリを起動するのに時間がかかれば、ほかの客は待ち時間が長くなり、そもそもポイントやアプリを持っていない客からすれば、不要なやり取りです。わざわざ手間と時間をかけてポイントを集めているのも、データ収集側の都合しか考慮されていません。ポイントカード・アプリの乱立に、客の都合はお構いなしです。では、集められたデータはどうなるのでしょうか？

　ポイントカードは、運営会社だけでなく、提携各社で共通利用されています。企業間でデータが相互利用されているのかという疑問が浮かびますが、実際は相互利用するためのデータを準備・加工するのに手間がかかっており、データ利用料も考えるとハードルが高いのが現状です。

　場所や時間、年齢や性別、購入した商品など、あらゆるデータを組み合わせて分析するのは非常に労力がかかります。データを苦労して集めても、社内に眠ったままでは意味がありません。集めたデータを使えるデータにし、分析できるデータにまで整備しなければならないのです。

124

◆AIはデータが無ければ役に立たない

では、なぜそこまでしてデータを集めるのかと言えば、AIやデータ分析においては、データが無ければ何もできないからです。

「データ」と言っても、世間で言われる「神Excel」「Excel方眼紙」はもちろん、PDFや紙資料もデータとしては使えません。大前提として、データベースに保管された形式でなければいけません。そのため各事業者は（使い勝手の悪い）アプリを開発したり、（財布を厚くするために）ポイントカードを発行していますが、それが難しい場合は既存のポイントカードと提携してデータを集めます。

こうしたポイントカードやアプリを通して、AIが使える・役立つ・学習できるデータを集めているのです。また、収集したデータは経年変化によって価値が劣化する場合もあります。分析精度は、データの量や質によって左右されるため、常に新しいデータを収集しておく必要があります。

新しくさまざまな種類のデータを用意できれば、AIはより賢くなり、ユーザーに喜ばれるサービスを提供できるでしょう。たとえば、通販サイトのおすすめ商品（レコメンド）も、販売履歴のデータが集まれば、よりユーザーに適した商品をおすすめしてくれるようになります[01]。

[01] 通販サイトの例

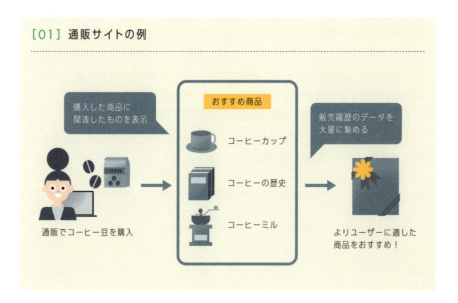

◆「リアルデータ」というビジョン

　ポイントやアプリによるデータ収集は普及していますが、現在は「リアルデータ」に注目が集まっていきます。これは生活や産業に密着したデータを指しています[02]。製造業や生活インフラ事業者が語っている「GAFAが持っていないリアルデータ」と呼ばれるものが該当します。つまり、インターネット上ではなく、現実世界での生活や仕事の中で発生するデータに価値があるという考えです。しかし、現状ではまだこれらのデータの収集・活用・分析が進んでいないのも事実です。

　リアルデータの例としては、工場、通信機器、基地局、医療、人の移動、建物、交通インフラ、生活インフラ、エネルギー、自然環境、農業、建設現場などがあります。人間のデータなら、視線や導線に顔や表情、健康状態などのデータも収集できます。

　こうしたデータはプライバシーや人権に触れる部分もあるので、世界各国でルールが整備されており、データの収集や活用にはまだ課題が残っています。

　リアルデータの活用事例として、九州に本社を置き、データ活用を進める大型スーパーの先進性が挙げられます。店舗に設置された小型カメラで顧客の導線を認識し、棚で商品を選ぶ時間などを収集・分析しながら、顧客ごとに最適化された店内広告の表示などを行っています（もちろんプライバシーに配慮しています）。IT活用のイメージが乏しい小売業において、珍しい取り組みを行っている事例と言えるでしょう。リアルデータの活用によって、今までわからなかった「なぜ店頭でこの顧客がこの商品を買ったのか？」という理由が見えてきます。

　このように、日々の生活の中での見えないデータに対する争奪戦が始まっています。データの収集、保管するインフラ、分析能力、分析結果を反映した施策の実行力など、データの総合力が問われています。

[02] 日常生活におけるリアルデータ

SECTION 01　「データ」の優先度が大きく上がる

◆This is Data. Everything is Data. すべてはデータだ

「Data is the new Oil」という言葉があります。石油は20世紀において重要な資源でしたが、21世紀はデータが石油に代わる資源になるという趣旨です。

かつて石油は産業の発展に必要不可欠で、開発利権や軍事力などを含めて国家戦略における重要な位置付けにありました。それが21世紀になると、データが石油の立場に取って代わり、GAFAを始めとするIT企業にあらゆるデータを管理されるという懸念も発生しています。将来において国や個人が自分達のデータを取り戻すために、IT企業に対して血の流れない戦争を起こすかもしれません。

また、石油製品が原油を精製して作られるように、データも収集して前処理（クレンジング）を行ったり、ほかのデータと組み合わせることでより大きな価値を生み出します。さながら20世紀の「石油王」から、21世紀は「データ王」が世界の覇権を握るかもしれません[03]。

しかし、ただデータを集めればよいというわけではありません。データ分析の精度を上げるためには、大量かつ多様なデータを集めることが重要です。株価予測を例に挙げれば、経済指標や統計情報など、さまざまな要素を分析しなければ、株価の動向を予測することはできません（もっとも現時点で将来の株価は正確に予測できませんが）。

もしも、あらゆるデータを収集して将来起こる事象を予測できれば、世界を支配する覇権となる可能性があります。かつては石油という目に見える資源を巡って戦争が起こりましたが、将来はデータという見えない資源を巡って国境を超えた地球規模の争いが起こるかもしれません。

日常生活における、医療・健康・思想・発言・移動・食事・恋愛・仕事・教育・趣味嗜好など、個人のあらゆるデータを取得して、将来予測や行動監視が可能になるかもしれません。このような技術が高度化すれば、アニメ「PSYCHO-PASS」や、SF映画「マイノリティ・リポート」のような、犯罪者を未然に検知して隔離する社会（ディストピア）が実現するかもしれません。いずれにせよ、かつてSFとされていたことが、現実になる日は近いでしょう。

[03] 見える戦争から見えない戦争に

SECTION 02:「仕事」の視点

作って終わり、
ではなくなる

データサイエンスビジネスを展開するには、日々データを収集し、常にアップデートしていく必要があります。

余計な機能を無駄に追加するのはイノベーションではない

◆導入しただけで満足症候群

　PART1でも触れた通り、企業の業務システムは外注であるSIerに委託して、システム内部の開発を下請け業者が行っています。長年に渡って機能追加や改修を繰り返したシステムは、完成形を誰一人として把握していないデッサンの狂ったサグラダ・ファミリアのようなものです。外注への委託に依存すると、運用のブラックボックス化、保守コストの肥大化、ベテラン担当者による属人化などの問題も散見されます。対して一度導入したシステムは、長期間利用できるメリットもあります（ハードウェアの保守期限は無視できませんが）。

　従来のシステム開発は、自社業務に合わせて一から作るスクラッチ型が主流であり、いわば「おもてなし型開発」でした。おもてなし型開発では、エンジニアの確保や古い技術の継承、予算やスケジュールの肥大化などの諸問題を抱えて限界を迎えつつあります。

　一方で、AIやデータサイエンスにおける開発には、完成やゴールがありません。完成はあくまでスタートラインであり、そこから精度向上や運用の改善などが必要です。むしろ完成すれば永続的に決められた仕様通りに動作する従来型システムに対して、AIは決められた動作を保証できないため、デメリットが大きいかもしれません。つまりこれまでのシステム開発とはまったく異なる視点や視野が必

要になります。

　AIでは「精度を上げる」→「業務に活用する」→「ほかの業務に応用する」までがワンセットです。定形処理に合わせてシステムを開発して改修を重ねるのではなく、不確定な動作が発生する可能性を考慮したうえで運用するという、新たな方法に順応しなければなりません。

◆終わりなき開発と永遠のアップデート

　完成がないAI開発では、常にさまざまなデータを収集してアップデートする必要があります。それを永遠にアップデートを繰り返す終わりなき開発を前提としながら、他業務にもAIの適用範囲を広げましょう。人間が行っている作業をAIで代替したら終わりではありません。映像配信事業会社のNetflixは、ネットで注文を受けてDVDを郵送するレンタル事業で、既存のレンタル店舗の代替となりました。既存事業で培ったレコメンド分析のノウハウと資金を元に、世界的なオンライン映像配信プラットフォームを展開したのです。もしも自社サービスやアップデートを怠ったり、新たな事業への進出が無ければ、生き残りが激しいIT業界において、同社といえど早晩立ち行かなくなったでしょう。

　システムを開発する側も「作って導入すれば終わり」という認識を改めましょう。常に新たなデータを準備して、永続的かつ効率的なアップデートが可能な環境を整備します。それを実現するために、開発の内製化を検討する場合もあるでしょう。また、人間の作業をAIに置き換えるだけでなく、新たなビジネスモデルを立ち上げることも重要なカギとなります[04]。

[04] データを積み重ねて付加価値を高める

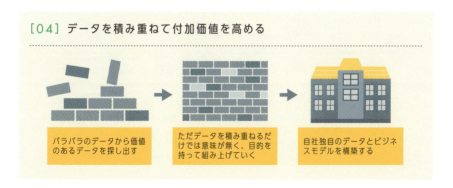

◆リアルデータ活用への道

　リアルデータと呼ばれる生活インフラや産業界のデータは膨大な種類と量になるため、活用するにはデータのクレンジングを行う必要があります。これを補助するツールである、データ・プレパレーションやETL（Extract/Transform/Load）ツールなどを使いこなせるかが重要になってきます。場合によっては、エンジニア以外の社員もSQLやプログラミングを学ぶ必要があるかもしれません。

　データを活用できるのが一部の人間だけに限定されるような、閉じたやり方になってはいけません。社員全員がリアルデータを扱えるようになることで、他社が真似できない・再現性が無いデータ分析を実現することができ、差別化に加えて、自社の強みにもつながります。こうしたノウハウは自社独自のものなので、他社に転用されることもありません。これまで培ってきた現場の知見や熟練職人が持つ技術の代わりとなるでしょう。また、自社データを活用したアイデアや新規事業の創出などにもつながります。

　自前でデータを集めて活用するには、データベース基盤だけでなく、運用や契約なども考慮して環境を整備しなければなりません。自社でデータベースを把握しながら、データのサイロ化を防ぎ、データの活用ノウハウを社内で横展開させましょう。このように、いつでも誰でもデータを活用できる環境を作ることが重要なのです[05]。

[05] データ整備の重要性

整備されていないデータベース / 整備されたデータベース

データが散乱して必要なデータがどこにあるのかわからない

必要なデータを必要なときに取り出せ、社員全員で共有できる

◆成長サイクルを描く

　企業における課題として、増え続けるデータをどのように業務や製品に活かすかが求められています。データを集めて分析しても、すぐに成果は出てきません。データ分析において精度を高めて明確な効果が出るまでは、地道な取り組みを継続するしかありません[06]。そのうえで、価値の創出や将来性を見据えながら、計画的に投資を進めていきます。あわせて他社では真似できないノウハウなど、見えない部分での強みも考慮する必要があります。

　たとえばフリマアプリにおいては、最初は物品売買から始まり、収集したデータによる商品の画像認識、販売価格の提案、決済機能の搭載など、さまざまな改善を繰り返してユーザーの利便性を向上させました。今後は一例として利用者の行動を信用スコアとして社会的評価につなげるなど、アプリによる経済圏を構成するまでに至るでしょう。

　実生活に社会インフラで収集されたデータを組み合わせて、新たなビジネスも誕生するでしょう。データサイエンスビジネスは異種格闘技戦のようなものかもしれません。たとえば自動運転が普及すると、利用頻度や距離に応じて生命保険の掛け金が変わるかもしれません。健康のために歩く人は安くなり、自動運転ばかりで歩かない人は運動不足で病気になりやすいと判断されるのです。プライバシーや法整備の課題はありますが、新たな製品やサービスの誕生は、世の中の変化と密接に結び付くでしょう。

[06] PDCAサイクル的イメージで取り組む

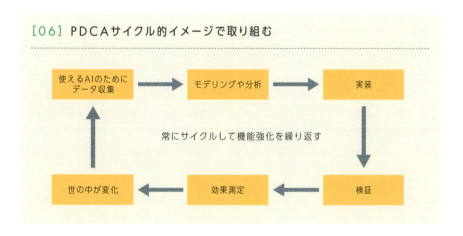

SECTION 03:「組織」の視点

データサイエンスに強いチームが必要

整備したデータを業務に活かすために、分析チームの存在が欠かせません。
理想の分析チームにはどのような人材が必要なのでしょうか？

データ分析
チーム立ち上げ → SIerに丸投げ → 人手不足で下請けに依頼 → 人手合わせで能力の低い人材をアサイン

◆分析チームの重要性

　データを集めたら、データを業務に活用する分析チームの立ち上げが必要です。会社の利益に貢献できる分析チームが求められていますが、これは非常に難しいのが実情です。

　よくある失敗としては、「人材を採用できない」「必要な能力のミスマッチ」「目標やKPI設定が曖昧」「活動方針を明確にできない」「チームマネジメントや社内調整における失敗」「成果を正しく評価できない」「社内部門間での争い」など多種多様です。もちろん従来型のシステム開発のように、SIerへの丸投げは論外と言えます。

　では、どのようなチームが理想なのでしょうか。業務に求められるスキルを持ち、個々人の強みを生かして弱みをカバーしながら、データの収集・分析から現場への運用までをカバーできるチーム作りが望ましいでしょう。もちろんすべてをデータ分析チームでカバーするのは難しいので、社内調整を進めるメンバーも必要になります。

　このように、社内でデータ分析チームが活躍できない理由には複合的な問題が絡み合い、しがらみや縦割り組織の根強い大企業ではなおのことでしょう。

◆データ分析チームの君主論

　データ分析チームが活躍するには、社内における土壌づくりが必要になります。今までに無い新たな施策の実行には、意思決定を行う上層部、現場をまとめる中間管理職、実際に手を動かす担当者など、社内外を含めて多くの人間が関わります。少人数で若い組織のベンチャーならまだしも、大きく古い組織となれば、一筋縄ではいきません。

　データ分析チームのメンバーとして社内の有志、中途採用者、外注社員などを選抜しても、社内変革を進めていくには力不足であり、手を打たなければ遠からず失敗するでしょう。そのため、上層部や管理職、現場に影響力を持つ社員も加えて分析チームを支援し、徐々に社内にデータ分析文化を浸透させるのです[07]。その中でデータ分析チームは、少数精鋭の遊撃隊のように社内で影響力を高めていきましょう。

　KKD（勘・経験・度胸）が支配する社内を、一朝一夕でDNA（データ・数字・AI）に変革することはできません。トップダウンで社内制度や意識改革を進めながら、それと並行してボトムアップで現場に反映し、データ分析文化を社内に広めていく流れが必要です。データサイエンティスト協会が定める3つのスキル（ビジネス力・データエンジニアリング力・データサイエンス力）に加え、社内政治力が重要なのは言うまでもありません。

[07] データ分析チームの在り方

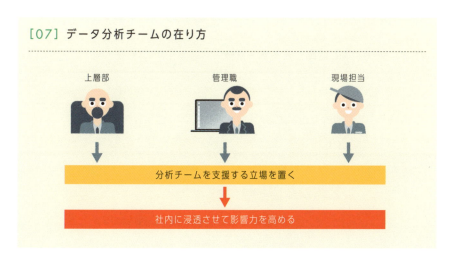

◆ビジネスの現場で活躍する分析チームとは？

ビジネスの現場で活躍する分析チームの成功事例はどのようなものでしょうか？
代表例として挙げられるのが、生活インフラを担い、歴史と伝統を誇る大阪ガスです。データ分析チームの立ち上げから社内に浸透させたモデルケースとして紹介されており、チームリーダーによる書籍も出版されています。

同社においても最初は理解が得られず、時間と手間をかけながら社員とコミュニケーションを取り、さまざまなしがらみを乗り越えて現在の形になりました。一般論としては、最初から大きな成果を目指さず、小さな業務改善からスタートし、変革に対する拒否反応を抑えつつ、徐々に認められながら社内を変えていくのがよいでしょう。

また、データ分析で効果を出しやすいプロジェクトの選定、成功事例における他部門への横展開、TKO（低姿勢・こまめ・おだてる）による現場との融和など、地道な取り組みも欠かせません。一方的なトップダウンだけでは、現場の反発を招くだけで失敗するのが関の山です。社員にデータ分析を意識させるには、トップや外注による支援だけでなく、長年会社と組織で働いてきた人間の行動が欠かせません。他社の成功事例を模倣するのではなく、自社向けにアレンジする柔軟性を高めたり、試行錯誤を繰り返しながら、地道な改善に取り組むしか道はありません。トップ、部門、現場でデータ分析文化という共通テーマを持ちながら、お互いが連携して試行錯誤を繰り返す作業は避けて通れないのです[08]。

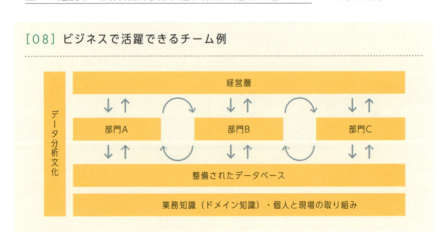

[08] ビジネスで活躍できるチーム例

◆「認識」→「理解」→「試行」→「展開」のサイクル

　データ分析を浸透させる取り組みについて掘り下げていきましょう。流れとしては、「認識」→「理解」→「試行」→「展開」というサイクルです。

　認識では、なぜデータ分析が必要なのか、何が問題なのか、どんなことをすればよいのかなど、取り組みが必要である事柄について、社内全体で認識しておく必要があります。個人レベルで既存のやり方に対する危機感を持たないと、本格的に着手しないからです。

　理解では、データ分析が必要だとわかり、どのように進めていけばよいかを考えて計画を立てられる段階に進みます。各現場や業務によって、どのように分析を活かすかは異なりますし、業務が細分化された組織では、担当者・現場レベルでなければ最適な活用法も提案できません。

　試行では、各部門や現場レベルで提案された施策を実行する段階です。実行しなければ成果は計れませんし、1回で成功するものでもありません。試行錯誤を繰り返しながら、部門や現場に合ったデータ分析の活用法を探っていきます。

　展開では、成功した方法や事例、ノウハウを外部に展開していきます。類似の問題を抱えている部門や、同じ方法が他部門でも有効だとわかれば、それだけ少ない労力と時間で成果を出せるからです。また、社外に向けて自社の取り組みを展開することで、採用や広報面の効果も期待できます。

　このように、組織としてのデータ分析を成功させる勝利のカギは、この「サイクル」なのです[09]。

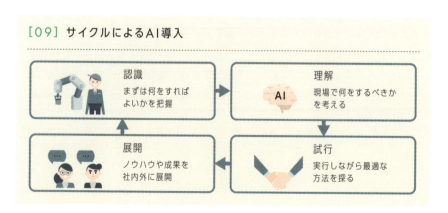

[09] サイクルによるAI導入

SECTION 04：「組織」の視点

「即戦力」ではなく
「そこにいる戦力」

企業を変えるには、データ分析人材の登用だけでなく、
業務知識を持つ現場の職人やデータを整備するエンジニアを配置して、
バランスを取ることが大切です。

◆ 既存社員を育成する理由と背景

　データ分析チームの立ち上げですが、外部人材のヘッドハンティングを想像する方が多いと思います。いわば甲子園常連校のような方法ですが、それができるのは一部の企業に限られるため、既存社員を育成するのが現実的です。

　データサイエンティストを含むITエンジニアの採用は争奪戦となっており、新卒・中途を含めて採用コストは跳ね上がっています。そのため、既存の年功序列型の人事制度による待遇では人材を集められません。

　また、人数を集めればよいわけではなく、会社や環境にうまく合致して活躍できるかにかかっています。そのために、才能を活かしながら周囲のメンバーがフォローする日本型組織に馴染める社員が必要であり、天才肌や一匹狼に依存するのではなく、努力型の秀才を社内で育成したほうが、組織に馴染みやすいメリットがあります。

　あわせて、会社全体におけるITリテラシーの向上も必要です。社内教育や抵抗勢力の懐柔などを進めながら、データ分析の必要性を理解してもらうためにコミュニケーションを重ねましょう。データ分析チームは技術に特化した人材ばかりになりがちですが、社内でその能力を活かすには、業務知識や現場への展開など、技術力以外の能力も必要です。分析チームの活躍には、それを支える会社全体の支援が欠かせません。

◆データ分析は無限大のアプローチがある

データ分析を活かせる場面は、経験や技術が求められる業務を掘り下げてみましょう。そうすることで、「データ×業務知識×AI＝無限の可能性」という解が見えてきます[10]。

社内に独自のデータやノウハウなどの「強み」があれば、他社は容易に模倣できません。この強みを閉じたままにせず、活かすことがデータ分析のメリットです。こうした暗黙知は「言語化・数値化できない」「技は盗むもの」「外部の人間には出せない」という風潮がありますが、その既成概念を壊して前に進まなければいけません。もちろん現場のプライドもあるので、トップの方針や外部のコンサルタントによる提言という形にしたり、協力関係を構築するために歩み寄りなどの施策が欠かせません。勘・経験・業務知識の価値が無くなるのではなく、データ分析と併存させながらデータ化・共有化を進めて、悪い意味での属人化を無くしていくのが目的です。

データ分析はデータサイエンティストだけでは完結しません。性能改善や情報交換、提案など、現場からのフィードバックが必須です。さらに、データ分析を活かせる業務や手法を探るには、現場を知る人間のほうが圧倒的に有利です。お互いの強みを活かしながら現場とのコミュニケーションを深めていきましょう。データ分析における隠れたメリットは、こうして社内の古い考え方や慣習を改めることかもしれません。

[10] すべての掛け合わせは無限の可能性を秘めている

SECTION 04 「即戦力」ではなく「そこにいる戦力」

◆トップダウンとボトムアップによる本来の「働き方改革」

「トップダウン」と「ボトムアップ」は、組織論における象徴的なワードです。どちらのアプローチも重要であり、組織の生産性向上には経営陣から現場まで変わらなければ意味がありません。

そのために、生産性を妨げるボトルネックをデータ分析で解決していきます。たとえば、どんな業務でもExcelによる運用に固執すれば、ボトルネックが無視されて非効率な方法を疑うこともなく、生産性が上がらず会社ごと沈んでしまいます。データ分析という新たな方法を広めるのであれば、現場と経営陣の両方に意識改革を浸透させなければなりません。

働き方改革は「残業時間を減らす」と思われていますが、下請けに丸投げしたり、持ち帰った仕事を家で行うのが目的ではありません。見た目の「パフォーマンス」ではなく、成果の「パフォーマンス」が求められています。本来の働き方改革とは何なのか、今一度考える必要があります。

まずはトップダウンで改革を叫び、既存のルールや価値観の見直しを推進し、ボトムアップで最適化された業務で現場を変える流れが大切です。長年自社で活躍した優秀な人材を多く抱えるのは日本企業の強みですが、年功序列や終身雇用にぶら下がるお荷物社員や、悪い意味での現場主義を無くすきっかけでもあります。立場の上下にかかわらず、全体を俯瞰して業務を変えていきましょう[11]。

[11] 全体を俯瞰することが大事

自分の見える範囲ばかりで視野狭窄に陥らず、上下から全体を見渡すことで、本来取り組むべきことを見つける

◆イノベーションを目指す組織体制

　理想のデータ分析組織を確立し、企業全体の変革を目指すのであれば、トップが率先して変わらなければいけません。経済誌のインタビューなどで「AI」「リアルデータ」「GAFAに対抗」と語っても業績は好転しません。トップから現場までデータ分析文化を育み、「経営者」→「管理職」→「現場」→「製品」→「社会」という流れで世の中を変えていきましょう[12]。

　スマホアプリのように、データやフィードバックに基づいた改善とアップデートを繰り返すイメージです。大きな組織では難しい取り組みですが、学べる点も多くあります。

　そのために社員のリテラシー向上が大事であり、データ分析に関する技術面だけでなく、作業依頼を別部門や外部への丸投げから自分で手を動かす文化へと変革していくのです。失われた20年におけるアウトソーシングとコスト削減を是とする発想からの脱却も必要になるでしょう。下請けに作業を投げても組織内にデータ分析文化は根付きません。自主的に手を動かして、自発的に勉強することが大切です。

　まずは社員一人一人がITについての情報収集と勉強に取り組めるように、セキュリティに厳しい社内環境を見直し、外部へのインターネット接続を緩和してはいかがでしょうか。限られた情報では、イノベーションにつながる新たな発想は生み出せません。

[12] 目指すべき形

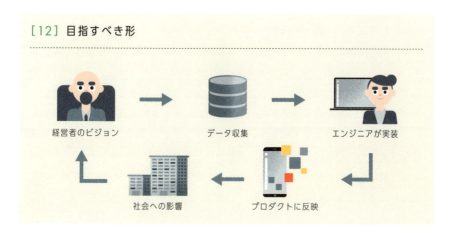

SECTION 05：行政との関わり

個人情報保護と
データについて

個人が保有するデータの重要性が高まりつつあります。あらゆるデータが監視されるおそれがある将来、個人情報はどうなってしまうのでしょうか。

◆ 変わりゆく個人情報の重要性

　近年、個人情報の管理やプライバシー重視の機運が高まっています。これは大量かつさまざまなデータを、ビジネスや生活に反映できるようになったからです。
　しかし現状では、個人情報やインターネットに関連したデータの収集と管理におけるルールが未整備であり、法律では制定されていない曖昧な面も残っています。2003年に制定後、個人情報保護法は改正を重ねていますが、業界団体などの自主規制に依存する部分もあります。また、各社ごとに異なるデータ形式ということもあって、異なる業種業界間における適切なデータの相互活用も進みません。
　ビッグデータが普及する現在、データを取得してビジネスに活用するのが容易になりました。それにともなって、自社サービスにおけるデータの転売、大規模な個人情報漏えいと補償問題、個人の特定を想定した広告表示、捜査機関への提出など、さまざまな問題も危惧されています。

◆個人の価値が最大化される時代

　昭和の時代では住所や電話番号は幅広く公開されており、マスコミにおける行き過ぎた報道やプライバシーへの無配慮が問題視されました。また、名簿売買や興信所による調査も規制が緩く、公的な書類も第三者による申請で取得できました。その後、個人情報保護法の制定や業界の自主規制などによって、個人情報に対する意識は急速に変化していきました。

　ビッグデータやモバイル機器が当たり前のように活用されていますが、今後普及する5Gによって自動車がインターネットに接続されたり、キャッシュレス決済やブロックチェーンがさらに普及したりすれば、お金の流れや権利情報は透明化されるでしょう。

　対して個人情報を保護したまま利用できるサービスも増えています。フリマアプリでは匿名による取引・発送・入金にいち早く取り組み、従来型サービスから差別化を図りました。一方で炎上した人物に対してSNSなどを調べ上げ、個人情報を特定してネットに晒すことも珍しくありません。

　個人情報に対する重要性や危険性、価値が上がりつつも、スマホによってインターネットにアクセスする敷居が下がり、利用者がそれに気付いていないのかもしれません。取得できるデータの量、種類、コスト、手軽さは劇的に進化したものの、技術の進歩に意識とルール整備が追いつかず、法律を決める側の立場でも理解が追いついていないのではと危惧しています[13]。

[13] 連絡手段の変遷

同じ個人間の取引でも、手間やハードルは徐々に下がってきている！

◆自分のデータは自分で守る

　個人情報の取り扱いに関する法整備は、世界各国で進んでいます。日本でも3年ごとに個人情報保護法が改正されていますが、課題は山積しています。

　現状では個人データの扱いには、まだまだ理解と自衛が必要です。石油を採掘する油田のように、個人からはさまざまなデータが生成されており、いわば21世紀の油田と言えます。そこから生成されたデータを集めて、資源として価値ある形にして、企業や国家がデータを活用できるのです[14]。個人が使うスマートフォンやスマートウォッチからも、通話、メッセージ、健康状態、位置情報、趣味嗜好など、これまで取得できなかったいろいろなデータを収集できます。

　極論を言えば、利用規約を盾に個人のデータを都合よく扱うこともできてしまいます。街を歩いてモンスターを集めるつもりが、運用元のためにデータを集めていたかもしれません。もちろん利用者のプライバシーを無視した利用規約がまかり通ることはありませんが、今後も無いとは言い切れません。あらゆるデータが社会や企業や国家を動かせるようになる時代を迎える前に、個人情報の再定義が必要ではないでしょうか。

[14] データは21世紀の資源となる

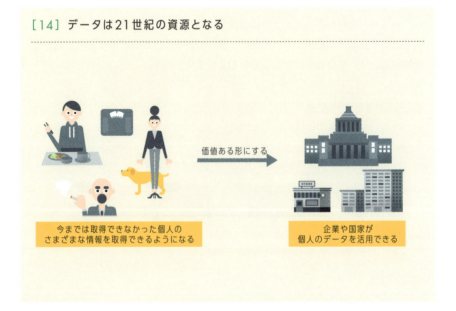

今までは取得できなかった個人のさまざまな情報を取得できるようになる

価値ある形にする

企業や国家が個人のデータを活用できる

◆日本と日本人のデータに価値はあるのか？

　大量かつ多様なデータを収集するには、デバイスだけでなく通信インフラや情報を保管するデータセンターが必要です。そのうえで信頼性や安全性が求められ、実現には高い技術や豊富な資金が必要です。それだけのハードルを乗り越えて、日本で日本人のデータを収集することにどれだけの価値があるでしょう？

　日本はGDP（国内総生産）が世界3位で人口1億2,000万人の市場ですが、少子高齢化やITリテラシーの低さ、日本語の壁、品質要求が高いなどの国民性や、言語や法律や規制の壁という観点から、グローバルなサービスにおいては価値が低いとみなされるかもしれません。

　もし、日本がAI・データ後進国として認知されてしまえば、諸外国で使われる便利なサービスが日本だけで提供されない可能性があります。そうなればいつまでもAI・データ活用は進まないでしょう。かつてガラケーと揶揄されて携帯電話のガラパゴスだった日本が、ITサービスにおいてもガラパゴス扱いされるかもしれません。

◆データの扱い方で企業の存在意義が問われる

　個人情報の扱いは敏感になり、企業側の苦悩も見て取れます。たとえばFacebookでは、個人情報の管理やプライバシー保護に関する不備を指摘され、米国議会証言において責任問題が追求されました。今後はデータを巡って、便利だがプライバシーが無い時代か、不便でも人間の尊厳を持って生きる世界に分かれるかもしれません。

　産業界における「リアルデータ」においても、データを活用できる道筋が立てられず声を上げるだけにとどまり、データの契約、保管、権利、収益化に向けた環境整備が追いついていません。利用者も開発者もこうした意識に乏しく、データの扱いに対して明確な方針を決められず、立ち往生している現状があります。

　アプリやポイントカードも同様に、活用よりも自社陣営への囲い込みが強すぎて、利用者への配慮に欠けてしまえば、離脱につながってしまいます。データにおける本当の意味での安全性、利便性、ユーザー体験を実現することが、企業におけるデータ活用の責任となるでしょう。

SECTION 06：行政との関わり

教育と
データリテラシー

これからのAI・データ社会を生き抜くには、
情報の真偽を判別する力を身に付けると同時に、
データを活かす発想力や実行力が欠かせません。

◆あてにならないIT教育

　2020年にプログラミング教育が義務化されますが、現在もタブレットや電子黒板の導入など、学校教育におけるIT化は進んでいます。しかし、これまでのIT教育における教員の不足や負担増加などの問題点に鑑みると、根本的な刷新が求められるのではないでしょうか。

　教育現場におけるITリテラシーも、たとえば固定電話の連絡網、紙プリントや連絡帳による情報共有、FAXでの連絡など、良くも悪くも平等主義が問題なのではないでしょうか。かつての「ものづくり」時代であれば、組織とルールに従順な人材を大量かつ期限を守って社会に送り出すのが教育だったでしょう。しかし個性や多様性、イノベーションが求められる昨今、旧来の均質化を目指す教育は疑問視されています。また、プログラミングやコンピューターサイエンスを教えるには専門の教員が必要ですが、厳しい労働条件に対して「やりがい」だけでは人材が集まりません。ここでも、旧来の前例踏襲主義、ハード偏重主義、生産性の低さなど、産業界と同様の問題が散見されます。

　誰かが作ったルールや形式を無条件に守らせる教育は、運動会の組体操と同じように根拠無き盲目的な信仰ではないでしょうか。タブレットや電子黒板を学校教育に導入しても、これまでの設備と同じ使い方しかできなかったり、決められた操作しか許されず機器本来の魅力を発揮できなければ、教える意味はありません。こうしたリテラシーの欠如や形だけが先行する目的なきIT投資は、産業界と同じ構図ではないでしょうか。

◆義務教育におけるITリテラシー向上

　義務教育への筆者の提言は、AI時代を生き抜くためのITリテラシーを含めた「プログラミング教育」を義務化していただきたいということです。プログラミングという技術面だけでなく、IT技術全般が急速に発展した現代において、コンピューターやインターネットそのものの仕組みを学ぶことは重要です。SNSやセキュリティや電子決済など、今の大人が子どもの頃に存在しなかった概念やサービスはいくらでもあります。教える側も危険性を煽るだけでなく、避けて通れないほど世の中に浸透したITの仕組みを正しく教えることが大切です。そのために現場を変革して、「スマホネイティブ」な世代と意思疎通できるように備えておく必要があるのです。

　プログラミング教育の義務化で求められるのは、単純にプログラミングができる人材を増やすだけではありません。これまでプログラミングに触れる機会が無く、才能を眠らせたままだった子どもの能力を開花させましょう。プログラミングは個人の適性に依存する面も大きく、才能が人数を凌駕します。キーボードを叩けるだけのプログラマーを1万人育成するより、世界を変える天才イノベーターを1人発掘したほうがよほど有益です。そのためにプログラミングをスポーツや遊びと同じくらい、面白さと興味を持ってもらい、才能を発掘して伸ばすのが本来の教育ではないでしょうか。教員が一方的に教えるのではなく、子どもが自発的に学べば、大人が気付かなかった能力も最大限に伸ばせるでしょう[15]。

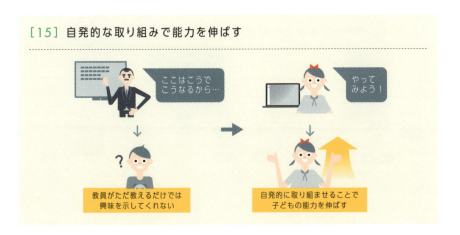

[15] 自発的な取り組みで能力を伸ばす

◆東大卒がダメ人間の代名詞になる日

　旧来型の詰め込み教育は限界を迎えて、将来のAIとデータサイエンスの時代には適応できなくなるでしょう。古い情報をたくさん覚えて試験合格を目指すような、知識偏重を改めるべきではないでしょうか。

　現代は自分自身が変わらなければ生き残れません。常に情報を収集して最新の情報にアップデートしながら、クリエイターや起業家のように自ら新しいものを生み出す思考を持ちましょう。AI導入によってリストラされるのは、変化に対応できずAIで代替えできる仕事しかできないからです。新しいものを生み出して実行するのはAIで代替えできません。しっかりと情報武装して、変化に対する適応能力を高めましょう。

　暗記による知識の詰め込みではなく、発想力や実行力、異なる分野における協業などで新たな価値をアウトプットする能力が求められます。このような社会では、これまで持てはやされた「東大卒」という学歴が、無能の称号や無価値の代名詞になるかもしれません。「調べればわかる」「過去に誰かが発見した」ものを大量に覚えるだけでは、単なるデータベースに過ぎません。データベースは過去の知見であり、洞察や創意工夫といった人間による付加価値が無ければ意味は無いのです。なぜなら、東大卒が知っていることは、検索すればわかることだからです。もちろん、内容を理解するには基礎教育が必要ですが、記憶力や知識量に偏らずに、創造性も重視すべきなのです[16]。

[16] データだけでは価値が無い

記憶力や知識量　＋　創造性を発揮　→　価値あるデータにする

◆2020年以降に求められるサバイバルリテラシー

　義務教育では教えられないリテラシーが求められるAI・データ社会を生き抜くためには、「ぼーっと生きてはいけない！」がキーワードになります。与えられた情報をそのまま受け取り、敷かれたレールを進むだけでは生き残れません。ネットに起因するトラブルが絶えない社会において、「正しい」という確証はどこにあるのでしょうか。真偽を見極める能力が求められています。

　たとえば、ワクチンの予防接種を拒否したり、フェイクニュースを捏造して拡散させたりするなど、自分に都合がよければ根拠の無いデマさえも真実として受け止める人達です。IT技術はそんな人々を生み出すために発展したのではありません。

　さまざまな情報があふれる今、真偽を調べて、考えて、事実なのかどうかを見極めましょう。リテラシーとファクトチェックの重要性が増しています。親や先生や友達であろうと、インフルエンサーやYouTuberでも、その発言は事実であり真実なのでしょうか。自分自身で嘘を嘘と見抜く力を養わなければ、AIが発展して現代以上に意図された情報があふれる社会で生き残ることはできないでしょう。事実の偽装、意見の誘導、詐欺に起因するフェイクニュースがはびこる中でぼーっと生きていたら、情弱として騙される「カモ」になるだけです[17]。

[17] 情報の見極めが重要

この情報は本当なのか…？

さまざまな情報が本当に正しいかどうかを見極めることが重要

2020年以降の社会で生き残れない

PART3のまとめ

［データサイエンスが未来をどう変えるか］

1 データを巡る戦争はすでに始まっている？

あらゆる事象がデータ・数値化され、AI・データサイエンスが当たり前の時代においては、これまでの成功体験や常識は通じず、個人として強くなければ生き残れません。また、個人の価値やプライバシーを絶対不可侵とするのか、利益と利便性のためにプライバシーを無くすのかという二極化が進むかもしれません。そのうえで、各々がDNA（データ・数字・AI）のリテラシーを身に付け、誰にデータを提供するかを選択しなければなりません。個人のあらゆるデータが収集・分析されて、進学、就職、結婚などの人生設計にも影響を及ぼす世界もSFではなくなるかもしれません。

Date is the new Oilの時代になれば、かつての石油を巡る戦争から、データを巡って国境を越えた企業による戦争が始まるかもしれません。そうなれば頼れるのは自分だけです。各々がデータや個人情報や利便性と引き換えに、どのような生き方を望むのか選択しなければなりません。

テクノロジーの進歩と社会の変化は止まりませんし、止まれば国際競争で負けを迎えるでしょう。生き残っていくためには、外部環境の変化についていく適応力を身に付ける必要がありそうです。

> PART3では、データサイエンスがビジネスにどのような影響を与えるのかを解説しました。最後に、将来への提言も含めて、データサイエンスによってもたらされる未来について考えていきます。

2 革命の日

日本は少子高齢化というハンデ、経済成長の停滞、労働やサービスを提供する市場価値の低下、積み重ねてきたアナログ的な経験や技術の崩壊など、さまざまなリスクを抱えています。仮に社会を維持するために抜本的な改革が行なわれたら、これまでの生き方は大きく変わらざるを得ません。すでに崩壊しつつある年功序列や終身雇用だけでなく、社会保障、生活インフラ、高齢者福祉の維持さえままならないかもしれません。そうなれば個人の生き残る力がより求められるでしょう。

①今の会社と仕事がいつまでも続くという幻想は捨てる
②どこでも通じるスキルを磨く
③与えられた仕事をこなすのではなく、仕事を生み出す
④常に転職や独立、移住の可能性を考えておく

まずは①〜④を念頭に置いて、誰でも唯一平等な時間という資源を意識しましょう。今はデータと時間の争奪戦であるため、自分の時間を奪われないように、DNA（データ・数字・AI）のリテラシー向上に努める必要がありそうです。

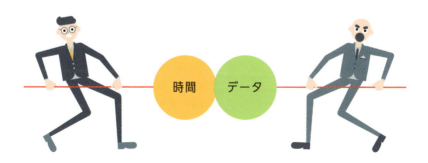

SUMMARY　データサイエンスが未来をどう変えるか

PART3のまとめ

PART3　データサイエンスが変えていくビジネスの在り方

3 技術力における第三の敗戦

これからの厳しい社会を生き残る強さとして、人間力が問われます。そのために自分自身が変わらなければなりません。これまで価値があった技術や経験や人脈といった、広い意味での目に見える労働力は価値が低下していくでしょう。この数十年で才能という資源を無限に引き出すコンピューターによって、国境、年齢、性別、宗教、人種、法律を越えた生存競争が待ち受ける社会が構築されようとしています。20世紀は人間の労働力における資本論が語られましたが、新たな時代ではAIとデータが資本論となるでしょう。

かつて日本は太平洋で大艦巨砲主義と艦隊決戦に固執して、軍事力において第一の敗戦を迎えました。戦後復興とものづくりで世界を席巻したものの、バブル崩壊と失われた20年を迎えて経済力において第二の敗戦を喫しました。そしてIT時代に適応することができず、インターネットとスマートフォンの登場によって、日本は技術力において第三の敗戦を迎えたと言えるでしょう。いまや日本は世界に誇る経済大国でも技術立国でもないと、認識を改めねばなりません。

4 こち亀に学べ！ 両さんを目指せ！

生き方が根本的に変わる未来において、我々はどうすればよいのでしょうか？そんなサバイバルを生き抜くモデルケースとして、漫画「こちら葛飾区亀有公園前派出所（通称：こち亀）」の主人公である両さんを挙げます。

両さんは警察官でありながら新たな事業を始める身軽さと行動力を持ち、常に流行や時勢を掴むアンテナがあり、お金になれば何でもこなす実利主義に、常識や慣習など既存の壁に囚われない図太さ、国境や言語を越えて活躍するバイタリティ、人に好かれる人情味を持ち合わせて、どんな世界でも生きていけるキャラクターです。

所詮は漫画の世界と思われるでしょうが、かつてこち亀で描かれた話が現実になっているのです。AIにも冬の時代があったように、当時の人々からすれば現在のAIブームはそれこそ漫画の世界でしょう。しかし、世の中は予想できない方向に移り変わっています。我々もどう生きるかを毎日考えながら、常に情報をアップデートして、新たなビジネスやテクノロジーに挑戦し、既存の枠に収まらない人間力を養いましょう。

それでも一番すごいのは、両さんというキャラクターを生み出し、常に新しい話題を提供し、40年間休まず週刊連載を続けた作者の秋本治先生かもしれません。

SUMMARY データサイエンスが未来をどう変えるか

用語解説

【ビッグデータ】テクノロジーの発展によってさまざまな機器から得られる膨大なデータのことを指しており、「Volume（データ量）」「Variety（データの種類）」「Velocity（データの発生頻度）」の3つのVから構成されています。従来よりも大量のデータを高速に処理することが可能なため、課題解決や新たな発見の創出につなげることができます。

【BIツール】BIは「Business Intelligence」の略称で、企業に蓄積されている膨大なデータを分析し、企業の意思決定に活かすためのツールです。大量のデータを分析できるだけでなく、グラフなどで可視化したり、情報をリアルタイムに確認できたりするため、現状把握も容易になります。

【人工知能】言語理解や推論、判断など、人間の知能の働きを代替する技術のことです。人工知能には、ある特定の分野に特化した「特化型人工知能（弱いAI）」と、人間の思考や行動など、人間と同様の知能を持つ「汎用人工知能（強いAI）」があります。推論や探索を可能とした第一次AIブーム、大量の知識を覚え込ませることで問題解決を図った第二次AIブームが去り、現在は機械学習やディープラーニング技術の発展によって、AIが自ら考えて最適解を提示する第三次AIブームが起こっています。

【機械学習】さまざまなデータに基づいて繰り返し学習を行い、特徴やパターンを見つけ出して分析していく手法です。入力データと正解データのセットを与えることで学習する「教師あり学習」、正解データを与えずに与えられたデータからデータの規則性を発見していく「教師なし学習」、明確な正解は与えず、試行錯誤を繰り返して問題を解決する「強化学習」の大きく3つに分けることができます。

【GAFA（ガーファ）】Google、Apple、Facebook、Amazonの4社の頭文字を集めた呼称です。いずれもアメリカに本社を置く巨大IT企業で、世界時価総額において上位を占めています。商品やサービス、情報などを提供するプラットフォームとして、人々の生活を豊かにしています。

【SIer】システムインテグレーター（System Integrator）の略語で、企業のシステムを構築・運用する業者のことです。最近では「SE」という言葉も多く使われていますが、SEはシステムを構築してから導入するまでの一連の作業を行う個人を指しています。

【ガラパゴス化】独自の進化を遂げたガラパゴス諸島になぞらえて生まれた日本独自のビジネス用語で、技術やサービスが独自の進化を遂げ、世界標準からかけ離れてしまう現象のことを指します。規模が小さい市場においては満足度の高い製品・サービスを提供できるというメリットがありますが、世界的な標準化が進めば、国際市場における製品・サービス全体の価格は低下し、ユーザーはより安価なほうを求めるでしょう。

【インダストリー4.0】ドイツが主導して進めている製造業のプロジェクトのことで、「第四次産業革命」とも呼ばれています。IoTなどの技術を活用することで製品の品質や稼働状況を可視化し、生産性を高めていくというものです。製造業における各国の取り組みとして、日本の「Connected Industries」、アメリカの「インダストリアル・インターネット」、中国の「中国製造2025」が挙げられます。

【Society 5.0】日本政府が提唱する科学技術政策の基本指針の一つで、狩猟社会（Society 1.0）、農耕社会（Society 2.0）、工業社会（Society 3.0）、情報社会（Society 4.0）に続く新しい社会を指しています。AIやIoTといった最新の技術を活用した便利な社会を実現し、人々が快適に暮らせるようにすることを目的としています。

【ITリテラシー】情報機器やネットワークなどを利用して得られた情報を、管理・活用できる能力のことです。ITリテラシーが高ければ、膨大な情報の中から正しい情報を得たり、自分の目的に合った情報を的確に見つけたりすることができます。最近では、従業員によるSNSへの不適切な動画の投稿が問題になっていますが、こうした事件は企業のイメージを大幅にダウンさせてしまうため、社員への教育を徹底して行う必要があるでしょう。

【キャッシュレス決済】現金を使用せず、クレジットカードや電子マネーを利用して決済を行う方法です。スマートフォンだけで決済が完了するので、現金を持ち歩く必要が

ありません。近年、各国ではキャッシュレス化が進んでいるものの、現金信仰が強い日本は出遅れているのが現状です。

【IoT】「Internet of Things」の略称で、「モノのインターネット」と呼ばれています。テレビやエアコン、時計、眼鏡など、身のまわりのあらゆるものがインターネットに接続されて相互通信することで、生活が便利になったり、新たなビジネスの創出につながったりします。自動車業界や医療分野など、さまざまな場面で効果が期待されています。

【SaaS型】「Software as a Service」の略称で、従来のようにソフトウェアをパッケージで提供するのではなく、クラウドサービスなどを通じて利用できるようにしたものです。必要な機能を必要な分だけ利用できるほか、インターネット環境があれば好きなときにアクセスできるなどの特徴があります。複数人で管理や編集も行えるため、企業にも浸透してきています。

【GUI】コンピューターやソフトウェアが情報を提示する際に、画像や図形を多用することで、ユーザーが視覚的かつ直感的に操作できるようにする方法のことです。対して、すべてのやり取りを文字で行う方法を「CUI」と言います。

【PoC】「Proof of Concept」の略称で、「概念実証」を意味しています。本格的にプロジェクトを運用する前に、目的に対して実現可能かどうかや、効果が得られるのかどうかを検証するための工程です。さまざまな開発プロジェクトでPoCが行われていますが、とくにITや新技術を活用したプロジェクトにおいては、PoCの実施は不可欠であると言えます。

【アノテーション】「注釈」を意味する言葉で、ITの分野においては、あるデータに関連する情報を注釈として付与する作業のことを意味します。とくに機械学習においては欠かせない処理です。たとえば、猫の画像であれば「猫」というラベルを、犬であれば「犬」というラベルを付けることで、パターンを認識できるようになり、正しい判断や予測が可能になります。

【データ・プレパレーション】さまざまなデータソースから大量のデータを取得し、分析できるような状態にする準備を行うことです。データの収集や加工にはエンジニアのスキルが必要ですが、データ・プレパレーションツールを利用すれば誰でも簡単に作業できるため、企業で大きな注目を集めています。

【ETL】データを統合する際のプロセスである「Extract（抽出）」「Transform（変換）」「Load（格納）」の頭文字を取ったものです。ETLのプロセスを経ることで、企業内にあるさまざまなデータを抽出して、分析・加工しやすい状態にまとめてくれるので、業務の大幅な改善が見込めます。GUIの実装によって直感的な操作も可能であり、ツールによっては大容量のデータを高速に処理することができます。

【5G】第5世代移動通信システムのことで、次世代通信規格として注目を集め、2020年の実用化に向けて各企業が動き出しています。主に「超高速・大容量」「超低遅延」「多数同時接続」の3つの特徴があり、IoT時代の到来には欠かせない通信技術です。5Gが実現されれば、日常生活だけでなく、物流や医療などのさまざま分野での活躍が期待されるでしょう。

【ブロックチェーン】ビットコインなどの仮想通貨の中核を担っている技術のことで、金融だけでなく、医療や不動産、食品流通などさまざまな分野で応用されています。ユーザー同士で管理する「P2P」という方式を用いていることから、銀行のような機関を通さずとも、当事者同士で直接取引が行えます。また、外部からすべての取引を見ることができ、各取引は暗号化されているため、セキュリティ面でも信頼性が高いと言えます。

【プログラミング教育】小学校では2020年、中学校では2021年、高校では2022年からプログラミング教育が必修化されます。ただし小学校においては、プログラミング言語を理解するのではなく、プログラミングを通してはぐくまれる論理的思考力「プログラミング的思考」を育てることが目的です。海外ではプログラミング教育の導入が進んでおり、日本はやや遅れているのが現状です。

索引

英数

5G	157
AI-Ready化ガイドライン	016, 020
AWS	060
BIツール	099, 154
ETL	157
Fluentd	060
GAFA	154
GUI	156
IoT	156
ITリテラシー	155
k近傍法	076
Machine Learning Studio	096
Microsoft Azure	096
Microsoft Power BI	099
MotionBoard	099
NoSQL	060
PoC	112, 156
Python	062, 094
Qlik Sense	099
R	062, 094
RDBMS	060
SaaS型	156
SAS	095
SES	017
SIer	028, 155
Society 5.0	155
SPSS	095
Tableau	099

ア

アジャイル型開発	031
アドエビス	108
アノテーション	115, 156
移動平均法	089
因子分析	072
インダストリー4.0	155
ウォーターフォール型開発	031
横断面データ	086

カ

回帰分析	080
改正個人情報保護法	061
確証的データ分析	048
仮説検定	082
ガラパゴス化	155
関係性	078
偽陰性	085
機械学習	090, 154
帰無仮説	083
キャッシュレス決済	019, 155

教師あり学習・教師なし学習	091
偽陽性	085
クラスタリング	074
クラス分類	074
経団連	016, 020
検定	082
個人情報	061, 142

サ

最頻値	067
差分系列	088
散布図	079
時系列データ	086
重回帰分析	080
縮約	070
主成分分析	071
真陰性	085
人工知能	154
真陽性	085

タ

対立仮説	083
多重共線性	080
単位根検定	088
単回帰分析	080
探索的データ分析	048
中央値	067
抽出	067
ディープラーニング	090
データサイエンティスト	013, 046
データ・プレパレーション	132, 157
データ分析	048
統計的検定	082

ハ

箱ひげ図	069
パネルデータ	086
ヒストグラム	069
ビッグデータ	012, 154
標準偏差	068
プログラミング教育	146, 157
ブロックチェーン	157
分類	074
平均	067

マ・ヤ・ラ

マルチコ	080
見せかけの回帰	088
要約	066
リアルデータ	126
ロジスティック回帰	076

著者紹介

松本健太郎（まつもと けんたろう）

1984年生まれ。龍谷大学法学部卒業後、データサイエンスの重要性を痛感し、多摩大学大学院で"学び直し"。現職の株式会社デコムでは、データサイエンスに基づき、ユーザーの心を捉えたアイデアを引き出す「インサイト」の開発支援に携わる。政治、経済、文化など、さまざまなデータをデジタル化し、分析・予測することを得意とし、ラジオや雑誌にも登場している。著書は『キーワードで読み解く人工知能『AIの遺電子』から見える未来の世界』（共著、エムディエヌコーポレーション）、『データサイエンス「超」入門 嘘をウソと見抜けなければ、データを扱うのは難しい』（毎日新聞出版）、『誤解だらけの人工知能 ディープラーニングの限界と可能性』（共著、光文社）など多数。

本書のPART2（SECTION 22以外）の執筆を担当。

マスクド・アナライズ

空前のAIブームに熱狂するIT業界に、突如現れた謎のマスクマン。現場目線による辛辣かつ鋭い語り口は「イキリデータサイエンティスト」と呼ばれ、独自の地位を確立する。ネットとリアルにおいてAIに関する啓蒙活動を行っており、「いらすとや」を使った煽り画像には定評がある。将来の目標は「データサイエンス界の東京スポーツ」。東京都メキシコ区在住。"自称"AIベンチャーに勤務していたが、現在はフリーランスとして独立。お問い合わせはメールアドレス<info@maskedanl.com>まで。

本書のPART1、PART2のSECTION 22、PART3の執筆を担当。

装丁・本文デザイン	浜名信次、井坂真弓(Beach)
撮影	高嶋一成

編集長	後藤憲司
担当編集	塩見治雄

未来IT図解　これからのデータサイエンスビジネス

2019年9月1日　初版第1刷発行

著者	松本健太郎、マスクド・アナライズ
発行人	山口康夫
発行	株式会社エムディエヌコーポレーション
	〒101-0051　東京都千代田区神田神保町一丁目105番地
	https://books.MdN.co.jp/
発売	株式会社インプレス
	〒101-0051　東京都千代田区神田神保町一丁目105番地
印刷・製本	中央精版印刷株式会社

Printed in Japan

©2019 Kentaro Matsumoto, Masked Analyse. All rights reserved.

本書は、著作権法上の保護を受けています。著作権者および株式会社エムディエヌコーポレーションとの書面による
事前の同意なしに、本書の一部あるいは全部を無断で複写・複製、転記・転載することは禁止されています。
定価はカバーに表示してあります。

[カスタマーセンター]
造本には万全を期しておりますが、万一、落丁・乱丁などがございましたら、送料小社負担にてお取り替えいたします。
お手数ですが、カスタマーセンターまでご返送ください。

落丁・乱丁本などのご返送先
〒101-0051　東京都千代田区神田神保町一丁目105番地
株式会社エムディエヌコーポレーション カスタマーセンター
TEL:03-4334-2915

書店・販売店のご注文受付
株式会社インプレス　受注センター
TEL:048-449-8040／FAX:048-449-8041

内容に関するお問い合わせ先
株式会社エムディエヌコーポレーション カスタマーセンター メール窓口

info@MdN.co.jp

本書の内容に関するご質問は、Eメールのみの受付となります。メールの件名は「未来IT図解　これからのデータサイエンスビジネス　質問
係」とお書きください。電話やFAX、郵便でのご質問にはお答えできません。ご質問の内容によりましては、しばらくお時間をいただく場
合がございます。また、本書の範囲を超えるご質問に関しましてはお答えいたしかねますので、あらかじめご了承ください。

ISBN978-4-8443-6888-5　　C3055